一学就会的

过瘾肉菜

主编○张云甫　　编写○瑞雅

工作室

青岛出版社
QINGDAO PUBLISHING HOUSE

PREFACE

用爱做好菜 用心烹佳肴

不忘初心，继续前行。

将时间拨回到2002年，青岛出版社“爱心家肴”品牌悄然面世。

在编辑团队的精心打造下，一套采用铜版纸、四色彩印、内容丰富实用的美食书被推向了市场。宛如一枚石子投入了平静的湖面，从一开始激起层层涟漪，到“蝴蝶效应”般兴起惊天骇浪，青岛出版社在美食出版领域的“江湖地位”迅速确立。随着现象级畅销书《新编家常菜谱》在全国摧枯拉朽般热销，青版图书引领美食出版全面进入彩色印刷时代。

市场的积极反馈让我们备受鼓舞，让我们也更加坚定了贴近读者、做读者最想要的美食图书的信念。为读者奉献兼具实用性、欣赏性的图书，成为我们不懈的追求。

时间来到2017年，“爱心家肴”品牌迎来了第十五个年头，“爱心家肴”的内涵和外延也在时光的砥砺中，愈加成熟，愈加壮大。

一方面，“爱心家肴”系列保持着一如既往的高品质；另一方面，在内容、版式上也越来越“接地气”。在内容上，更加注重健康实用；在版式上，努力做到时尚大方；在图片上，要求精益求精；在表述上，更倾向于分步详解、化繁为简，让读者快速上手、步步进阶，缩短您与幸福的距离。

2017年，凝结着我们更多期盼与梦想的“爱心家肴”新鲜出炉了，希望能给您的生活带来温暖和幸福。

2017版的“爱心家肴”系列，共20个品种，分为“好吃易做家常菜”“美味新生活”“越吃越有味”三个小单元。按菜式、食材等不同维度进行归类，收录的菜品款款色香味俱全，让人有马上动手试一试的冲动。各种烹饪技法一应俱全，能满足全家人对各种口味的需求。

书中绝大部分菜品都配有3~12张步骤图演示，便于您一步一步动手实践。另外，部分菜品配有精致的二维码视频，真正做到好吃不难做。通过这些图文并茂的佳肴，我们想传递一种理念，那就是自己做的美味吃起来更放心，在家里吃到的菜肴让人感觉更温馨。

爱心家肴，用爱做好菜，用心烹佳肴。

由于时间仓促，书中难免存在错讹之处，还请广大读者批评指正。

美食生活工作室

2017年12月于青岛

CONTENTS 目录

第一章 做好肉菜的小技巧

第二章 畜肉香浓 满口溢香

第三章

禽肉嫩滑 百吃不厌

目录 CONTENTS

本书经典菜肴的视频二维码

富贵红烧肉

（图文见 12 页）

川味水煮肉片

（图文见 21 页）

啤酒牛肉锅

（图文见 70 页）

西芹鸡柳

（图文见 97 页）

第一章

做好肉菜的小技巧

要做好肉菜，

首先要学会选购原材料和进行预处理的基本知识。

你知道如何处理吗？

学会了这些知识，

做任何菜都不害怕啦。

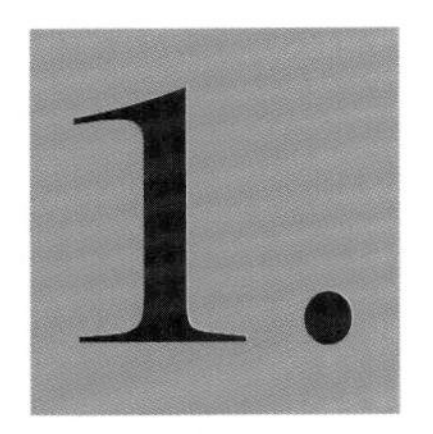

1. 如何选购动物类原料

常见动物类原料的选购及注意事项

家畜类：

有猪肉、牛肉、羊肉、兔肉及其内脏等。

禽蛋类：

有鸡、鸭、鹅、鸽、鹌鹑以及鸡蛋、鸭蛋、鹅蛋、鸽蛋、鹌鹑蛋等。

选购肉类时，以表面不发粘，肌肉细密而有弹性，呈红色，用手指压后留指印，纤维细软，有一股清淡的自然肉香味的为宜。

肉色暗红、无光泽，表面潮湿、无弹性、粘手，切面呈绿色、灰色、暗红色，都是不新鲜的肉。如表层有臭味，肉含有氨味和酸味，则表明已腐败，不能食用。

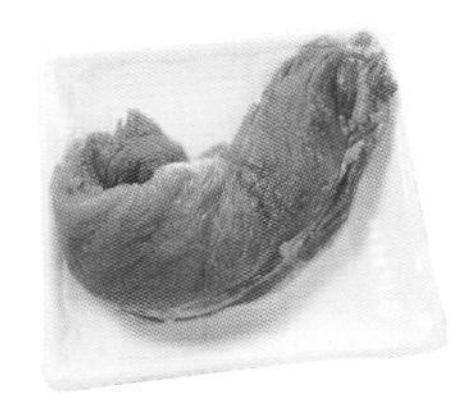

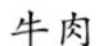

牛肉

鸡肉

猪排骨

羊肉

2. 控制油温

如何辨别油温

“油温”就是锅中的油经加热后达到的温度。如何正确把握油温呢？我们可以通过一些现象去判断。这里就教大家一个辨别油温的小窍门。

三四成热：

温油锅，油温在120～140℃之间。表现为无青烟、无响声、油面平静，手放在油面上方能感到微微的热气。将筷子放入油锅中，筷子周围基本上不起油泡。

五六成热：

热油锅，油温在150～160℃之间。表现为微有青烟，油从四周往中间翻动，手放在油面上方能感到明显的热气。将筷子放入油锅中，筷子周围开始冒起少许油泡。

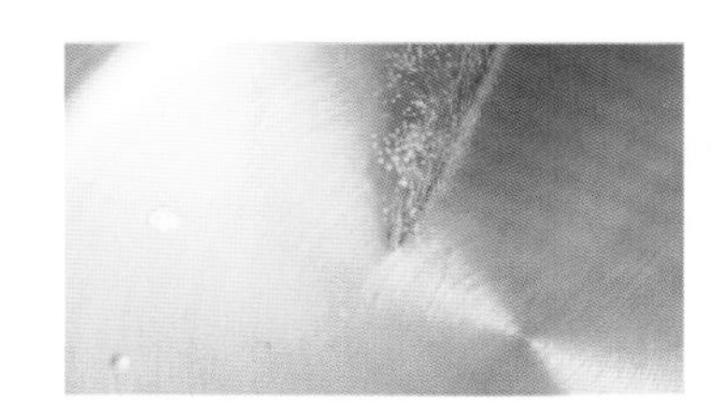

七八成热：

旺油锅，油温在160～180℃之间。表现为有大量青烟上升，并伴有强烈的油烟味，油面较为平静。将筷子放入油锅中，筷子周围会快速冒起很多的油泡。

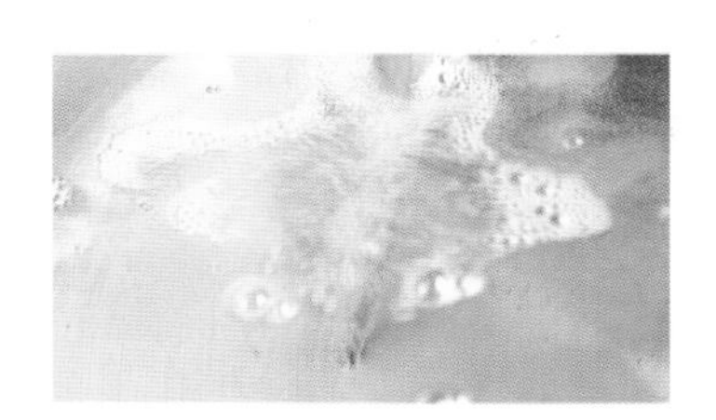

3. 预处理

有些原料经过选择、整理、洗涤、改刀等加工后，不能马上进行烹调，还须经过焯水、过油等初步预处理才能进一步烹制。

植物类原料，如芹菜、荠菜、花菜等蔬菜在进行正式烹调前，要先进行焯水。这是因为焯水可以去掉这些蔬菜中的苦涩味，且能保持其本来的色泽和质感。在焯水时，可以在水中放一点盐和色拉油，可保持蔬菜鲜嫩的色泽。

肉类原料，如鸡肉、鸭肉、鱼肉、猪肉、牛肉等经过初步预处理可以解除腥臊气味。对那些要求迅速烹制成菜的原料，经过预处理后再用于正式烹调就能很快成菜。

需要注意的是，有些原料做预处理的时间不宜过久，否则原料的质感会起变化，营养成分也易流失。

常见的生肉处理小技巧

快速取鸡腿肉

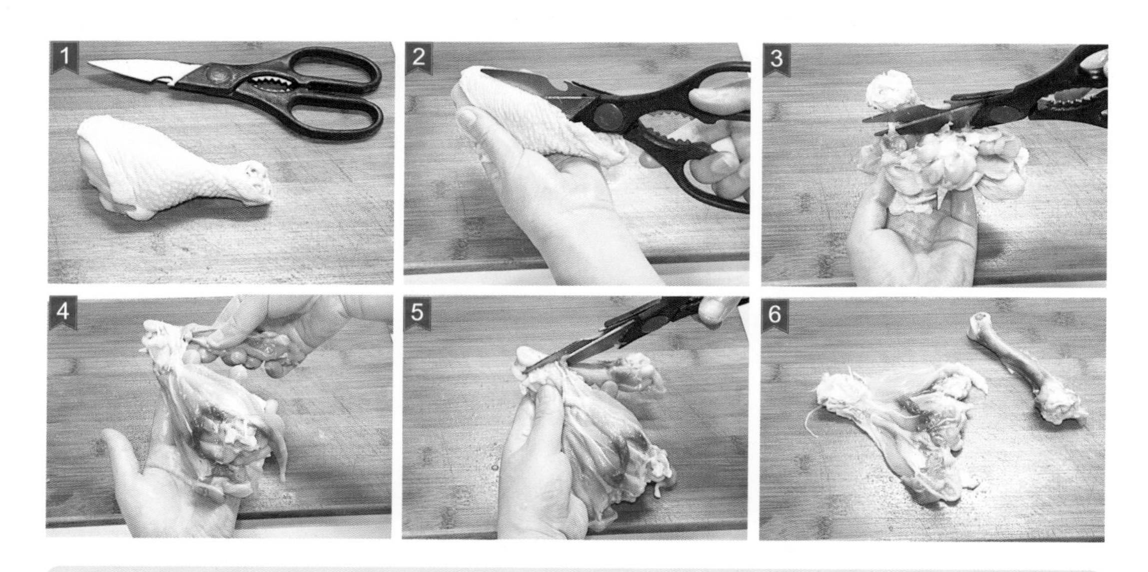

图1：准备一把锋利的厨房剪刀。
图2：将剪刀在鸡腿骨的位置向上剪。
图3：剪至顶端位置会有很多筋连着，要分别把每个筋膜的位置剪开。
图4：然后用手将鸡肉向反方向扳过来。
图5：用剪刀剪断相连的筋膜即可。
图6：完成后的成品。

常见的预处理方式

汆水：

汆水，即把生的原料放入水锅内加热烫一下，使其达到烹调要求的成熟程度。汆水能去除动物类原料的血污和腥味，去除植物类原料的苦涩味，使其质地脆嫩，便于原料的去皮和切配，缩短烹调的时间。汆水的方法有冷水锅汆和沸水锅汆两种。（如下图，是猪腰的汆水过程）

腌制：

腌制是指将新鲜肉类或鱼类用盐、酱油、糖、玉米淀粉、色拉油、清水等调料拌匀，静置20~60分钟或更长时间，使食材充分吸收调料味。腌制的时间越长，食材入味的效果越佳。夏季如腌制时间超过30分钟，请移入冰箱冷藏腌制，以防变质。（如下图，为鸡肉丁的腌制过程）

图1：将鸡肉洗净，切成小丁。

图2：将鸡肉丁放入碗中，磕入鸡蛋，调入盐、生抽、白糖、淀粉、色拉油，倒入清水，搅拌均匀，静置20分钟即成。

上浆和挂糊：

上浆，就是将调味品（盐、料酒、葱姜水）和淀粉、鸡蛋清等直接加入肉类原料中，拌合均匀成浆流物质，加热后使原料表面形成浆膜的一种烹调辅助手段。上浆是炒、滑、熘、炸等烹调方法常用的预处理技法，适合于质嫩、形小、易成熟的原料。其中，以苏打粉浆最为实用，主要用于动物性原料的上浆。

苏打粉上浆的方法

原料：蛋清50克、淀粉50克、苏打粉10克、盐10克、白糖 7克、水150毫升。

做法：将原料中的各种粉料搅拌均匀，加做菜的主料500克，拌匀即成。

提示：上浆后的原料入油锅前，应先加少许油拌匀，下入热油锅后，要用勺迅速滑散开，使其均匀受热，成熟后将更为滑嫩爽口。

挂糊：

就是把经过初步加工的烹调原料，在烹制前挂上一层薄糊。常用的有水粉糊和全蛋糊。

水粉糊 (图1、图2)	用水淀粉加水搅拌而成，投料比例为80克淀粉加60毫升水	炸、熘菜肴
全蛋糊 (图3、图4)	将全蛋搅打出泡，再加淀粉调制而成	炸、熘菜肴

过油：

有的原料在正式烹调前，要先经过油炸或滑油处理，称作过油。过油能使原料具有酥、脆、嫩的特点。过油有油炸和滑油两种。

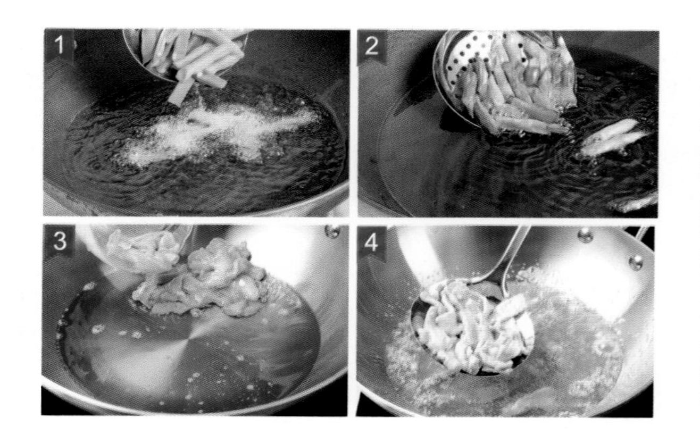

油炸大多采用大油量，即原料要全部浸没在油中炸制，炸过的原料是半成品。如左图1、2，为干煸芸豆的预处理——将芸豆过油炸制。

滑油即把处理好的原料上浆后，放入油锅中滑散至断生的方法，一般用中等油量和三四成热的油温。如左图3、4，为滑炝鸡片的预处理——将上浆的鸡片滑油至变色。

第二章

畜肉香浓 满口溢香

猪肉是大众食材，
味道最香浓。
一盘羊肉，
吃完，全身暖洋洋，
无比惬意。
牛肉最难烹调，
但鲜嫩多汁的牛排，
谁不喜欢呢？

蒜泥白肉

主料

猪五花肉	300克
黄瓜	半根
花生（炒熟）	20克
白芝麻（炒熟）	3克

调料A

大葱	半根
八角	1颗
花椒	10克
料酒	2大匙
盐	1小匙

调料B

辣椒面	1小匙
蒜	30克
盐	1/4小匙
花椒	10颗
香油	2小匙
植物油	2大匙

调料C

生抽	2大匙
白糖	2小匙
陈醋	2小匙

做法

① 锅内放入清水，冷水放入五花肉，加入调料A。

② 大火煮开后，转小火煮至肉熟，关火，让肉在原汤中浸泡至凉。

③ 大蒜用刀拍裂开，去皮，剁成蓉。

④ 调料C中的白糖用1大匙热开水化开，加入生抽、陈醋调匀，成味汁。

⑤ 蒜蓉放碗内，加辣椒面、盐、花椒拌匀。

⑥ 炒锅烧热植物油，趁热淋在蒜蓉碗内，搅拌均匀，加入香油。

⑦ 放凉的五花肉切成薄片（如果不好切，可放入冰箱冷冻15分钟后再切，但切好后要上蒸锅蒸1分钟）。

⑧ 黄瓜切成细丝，平铺在盘中。

⑨ 将切得不整齐的肉放在中间，表面铺上比较整齐的肉片。

⑩ 熟花生和熟芝麻放入结实的塑料袋中，用擀面杖碾碎。

⑪ 将蒜泥和调好的味汁淋在肉片上，撒上花生碎和芝麻碎即可。

干锅茶树菇烧肉

主料

五花肉	200克
腊肉	200克
新鲜茶树菇	300克

调料

大蒜	4瓣
洋葱	1/2个
新鲜小红椒	1个
姜片	3片
红油豆瓣酱	1大匙
白糖	1/2小匙
鸡精	1/4小匙
老抽	1/2小匙
香醋	1小匙
生抽	1/2小匙

贴心提示

· 挑选茶树菇时要选根茎较细的。根茎越粗的越老，不宜食用。

做法

① 茶树菇切去根茎部分，冲洗干净，将粗的菇茎用手撕开以便入味。

② 腊肉、五花肉切成细条，生姜切片，大蒜整瓣拍扁，洋葱切丝，红椒切片。

③ 空锅烧热，放入沥干水分的茶树菇，干煸至软、变干，放至自然凉后挤干水分。

④ 炒锅烧热，下少许油，放入五花肉条煸炒至转白色。

⑤ 加入腊肉条、大蒜、姜片煸炒，下入洋葱、红椒段、红油豆瓣酱，炒出红油。

⑥ 加入茶树菇、白糖、老抽、生抽、鸡精，翻炒几下，临出锅前沿锅边淋入少许香醋即可。

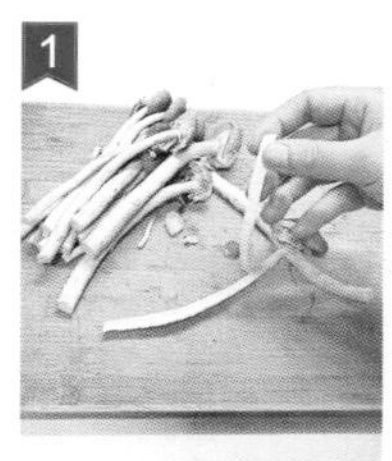

鱼香肉丝

主料

猪瘦肉200克，水发黑木耳40克，水发玉兰片50克，蒜末20克，姜末适量，泡红辣椒30克，葱花少许

调料

盐、料酒各1小匙，醋2小匙，白砂糖1大匙，老抽1大匙，水淀粉2大匙，味精少许，鲜汤半碗

做法

① 泡红辣椒剁成细末；水发黑木耳、水发玉兰片均切成细丝；将猪肉切成丝。

② 肉丝中放入料酒、盐、水淀粉拌匀，腌渍片刻。将剩余调料制成调味汁。

③ 油锅烧热，下肉丝快速炒散。

④ 放入泡红辣椒末、姜末、蒜末炒香，加入玉兰片丝、黑木耳丝，加入味汁，大火收汁，撒上葱花，出锅装盘即可。

东坡肉

主料

五花肉200克，油菜2根，青葱1根，红尖椒1/3个，蒜3瓣

调料

老抽50毫升，料酒1大匙，白糖2大匙，香油1小匙

做法

① 五花肉切块；葱、红尖椒切段；蒜拍扁；油菜焯烫至熟，备用。

② 将五花肉块沥干水分，放入油锅中，炸至表面呈金黄色后捞出，沥油，备用。

③ 锅留底油，烧热，加入葱段、红尖椒段及蒜，以中火爆香。

④ 加入适量水、所有调料及五花肉，中火煮沸，并捞除浮渣。

⑤ 以小火卤约45分钟至软烂，盛入盘中，淋上卤汁，再将油菜摆至盘边即可。

锅包肉

制作时间 40分钟

难易度 ★★★

主料

猪里脊肉	400克
葱丝	5克
姜丝	4克
香菜段	5克

调料

白糖	150克
醋	100毫升
番茄酱	50克
水淀粉	适量

做法

① 将里脊肉切成长约6厘米、厚约2厘米的片，用水淀粉挂糊上浆，备用。

② 锅入油，烧至六成熟，投入里脊肉，炸透后捞出。

③ 待油温升至八成热时复炸一次，捞出沥油。

④ 锅底留油，下入葱丝、姜丝炒香，放入白糖、醋、番茄酱烧开。

⑤ 放入里脊肉，快速翻炒几下。烹入芡汁，翻拌匀，起锅盛盘，撒上香菜即可。

扫码看视频

富贵红烧肉

主料

五花肉	300克
鹌鹑蛋	10个
姜	1块
葱	1截
八角	2个
香叶	2片

调料

红烧酱油	2汤勺
糖	1茶匙

准备工作

五花肉洗净、切块，鹌鹑蛋煮熟、剥皮，姜切片，葱切段。

做法

① 锅烧热，加少许油，油热后放入五花肉。

② 煸炒至五花肉变色，加入红烧酱油。

③ 翻炒均匀，加入糖；炒至糖融化，且均匀包裹肉块。

④ 将炒好的五花肉倒入炖锅，加水没过肉。

⑤ 大火烧开，放入葱、姜、八角和香叶，转小火炖半小时。

⑥ 放入鹌鹑蛋，继续炖10分钟左右，大火收汁即可。

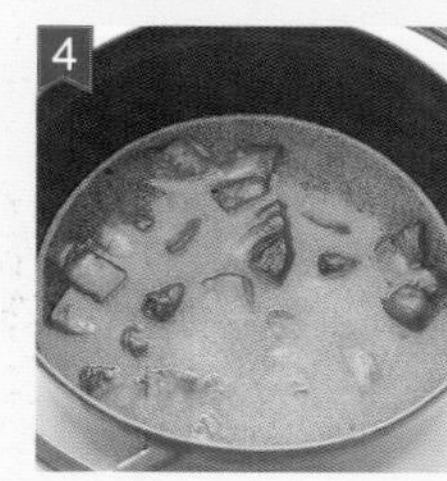

贴心提示

· 要选择肥瘦相间的五花肉，肥瘦大概7：3。

· 红烧酱油中含有糖分，所以根据个人口味调节糖的用量。

· 大火烧烤之后，要转小火炖，随时注意汤汁，以免烧干。

· 最后10分钟放入鹌鹑蛋即可，提前放入容易炖烂。

木须肉

主料

猪瘦肉	150克
鸡蛋	2个
黄瓜	50克
干木耳	5克
干黄花菜	5克

调料

葱花、姜末、盐、料酒、香油、花生油、水淀粉、味精各适量

做法

① 鸡蛋磕入碗中，用筷子搅匀。

② 将猪瘦肉切成片，用少许蛋清、水淀粉上浆拌匀。

③ 黄瓜斜刀切成片，放平后直刀切成菱形片。干木耳泡发好，撕成小块。

④ 炒锅入油烧至五成热，将肉片放入滑散，捞出沥油。

⑤ 锅内留底油烧热，放入葱花、姜末爆锅。

⑥ 烹入料酒、清水，加入肉片，用盐、味精调味。

⑦ 再加入木耳、黄瓜片、黄花菜炒匀。

⑧ 开锅后浇入鸡蛋慢慢炒匀，淋上香油出锅即可。

梅菜扣肉

主料

猪五花肉100克，梅菜150克，豆豉15克，红腐乳10克

调料

姜5片，蒜头5粒，白糖、川椒酒、深色酱油、浅色酱油各5克，生粉适量

做法

① 五花肉肉皮上用深色酱油涂抹匀。烧热炒锅，下油烧至七成热，将肉放入油中，加盖炸至无响声，捞起。

② 肉块切成长约8厘米、宽约4厘米、厚约0.5厘米的片，摆成风车形。

③ 将豆豉、红腐乳、姜、蒜头、川椒酒生粉调成味汁，倒入碗中肉片内，连碗一同放入蒸笼中，隔水蒸约40分钟后取出。

④ 梅菜心洗净，切成长约3厘米、宽约1厘米的片，加入白糖、浅色酱油拌匀。

⑤ 将梅菜放在肉上，再蒸5分钟取出。

咸烧白

主料

猪五花肉50克，芽菜200克

调料

菜油500克，糖色10克，化猪油20克，红酱油50克，泡红辣椒4根，花椒10粒，豆豉15克

做法

① 猪五花肉入锅煮熟捞出，趁热抹上一层糖色。

② 将肉块入油锅中炸上色，铲出稍晾。

③ 将肉块切成长约9厘米、宽约2.6厘米、厚约0.7厘米的片。

④ 芽菜淘洗干净，滴干水后切节，放入化猪油，在锅中煸干水后铲出。

⑤ 将切好的肉片，皮朝下一片接一片地摆好。

⑥ 在肉片上依次放酱油、豆豉、花椒、芽菜、泡辣椒，入笼蒸2小时，取出翻扣在盘上即成。

麻辣肉片

主料

猪里脊肉　250克

鲜菜心　200克

调料

熟芝麻、白糖各5克，胡椒粉、味精各2克，精炼油500克，酱油、湿淀粉各15克，料酒5克，蛋清淀粉浆40克，鲜汤50克，姜米、刀口花椒各10克，豆瓣20克，辣椒油6克

做法

① 猪肉改刀成薄片，加入酱油、料酒码味，再加入蛋清淀粉浆拌匀。鲜菜心洗净。将酱油、白糖、胡椒粉、味精、湿淀粉、鲜汤调成味汁。

② 锅置火上，加油烧热，放肉片，滑散至发白，捞出。

③ 再将菜心加入锅中，煸炒后装入盘中。

④ 锅入油烧热，放刀口花椒、姜米、豆瓣炒至色红。

⑤ 将肉片回锅炒匀，烹芡汁，收汁亮油，加入辣椒油、熟芝麻，推匀起锅，装入盛菜心的盘中即成。

香炒竹笋肉片

主料

鲜笋	300克
熟五花肉	150克
青椒、甜椒	各20克

调料

郫县豆瓣20克，辣椒油、永川豆豉各5克，味精、鸡精各3克，盐2克，香油10克，植物油适量

做法

① 鲜笋剥去皮，清洗干净，切成薄片，放入沸水锅中焯去苦味。

② 五花肉切成片；郫县豆瓣剁细；青椒、甜椒去蒂及籽，清洗干净，切成片。

③ 锅入油烧至五六成热，放入五花肉炒干水，下笋片炒香。

④ 再投入青椒、甜椒片，翻炒至断生。

⑤ 最后放豆瓣、豆豉、盐、味精、鸡精、香油、辣椒油，颠锅翻转拌匀即成。

榨菜肉丝

主料

无皮猪瘦肉	250克
榨菜	100克

调料

香葱25克，干辣椒1根，盐5克，味精1克，料酒5克，湿淀粉50克，混合油100克，香油5克，老姜5克，冷鲜汤适量

做法

① 猪肉切成粗丝；榨菜用清水洗一下，沥干水分，切粗丝；香葱切段；干辣椒切细丝；老姜切细丝。

② 将切好的肉丝放入碗中，加盐、料酒、湿淀粉拌匀，备用。

③ 另取一碗，放味精、盐、冷鲜汤、湿淀粉调成芡汁。

④ 炒锅置火上，下油烧热，下入猪肉丝、辣椒丝、姜丝、香葱段同炒。

⑤ 炒散时烹料酒，放入榨菜丝翻炒，烹入芡汁，淋上香油，起锅即成。

粉蒸肉

主料

猪后腿肉150克，甘薯100克，蒜末20克，姜末10克，葱花少许

调料

A.辣椒酱、醪糟各1大匙，甜面酱、白糖各1小匙；B.蒸肉粉3大匙，香油1大匙

做法

① 将猪后腿肉洗净，切片，加姜末、蒜末、水和调料A一起拌匀，腌渍约5分钟；甘薯去皮切小块，备用。备好其他食材。

② 油锅烧热，将甘薯块放入锅中，小火稍炸后取出，沥干油备用。

③ 将腌渍好的猪后腿肉片加入调料B拌匀，再将甘薯块放在蒸碗底部，上面铺上猪后腿肉片，一起放入蒸笼。

④ 大火蒸约20分钟至熟后取出，撒上葱花即可。

一品南乳肉

主料

五花肉750克，葱段、姜片各适量

调料

红腐乳汁4大匙，老抽2小匙，盐、味精各少许，白糖1大匙，料酒4小匙，高汤750毫升

做法

① 将五花肉洗净，切成小块。备好其他食材。

② 将五花肉块放入沸水中，汆烫去血水，捞出，沥干水分。

③ 油锅烧热，下入葱段、姜片炝锅，烹入料酒、老抽、高汤。

④ 下入五花肉块，大火煮沸。

⑤ 加入红腐乳汁、白糖、盐，盖上盖，焖至肉烂汤浓，加味精拌匀，出锅装盘即可。

狮子头

主料

去皮五花肉	150克
马蹄、冬菇	各10克
青菜	30克

调料

盐12克，味精、老抽王各10克，白糖、香油各5克，淀粉30克，鸡汤150克，生姜片少许

做法

① 五花肉洗净，去皮，剁成肉泥。

② 马蹄、冬菇洗净，切成米粒状。

③ 肉泥加入盐、味精、淀粉、马蹄粒、香菇粒打至起胶，做成四个大丸子。

④ 锅中下油，将油温烧至130℃，将大肉丸子下入锅中，炸至外金黄色、内熟透，捞起待用。

⑤ 青菜心用开水烫熟，捞起摆入碟内。生姜洗净，切成末。

⑥ 锅内留油，下入姜末，加入鸡汤，放入大肉丸子，用中火焖。

⑦ 放盐、味精、白糖、老抽王，用小火烧至汁浓。

⑧ 用淀粉勾芡，淋香油，装入用青菜心垫底的盘中即成。

川味水煮肉片

主料

猪里脊	400克
郫县豆瓣酱	80克
熟芝麻	10克
圆白菜	半个
湿淀粉	20克

调料

干红辣椒	10克
花椒	30粒
盐	5克
白糖	10克
蒜末	20克
葱花	少许

贴心提示

· 最后淋入成菜的汤汁只要没过肉片就好，不用太多。

做法

① 将猪里脊切成约5毫米厚的片，加入盐。

② 将湿淀粉倒入腌好的猪里脊肉片内，抓匀。

③ 将郫县豆瓣酱剁碎。炒锅烧热后加入色拉油、葱花、干红辣椒和花椒10粒，爆香，放入剁好的郫县豆瓣酱，煸出红油，加清水。

④ 圆白菜与干红辣椒炒熟后出锅垫入盘底。

⑤ 炒锅中水开后将肉片分次放入并拨散。

⑥ 煮至变色成熟后捞出置于炒好的圆白菜上，浇上部分汤汁，撒上花椒面、蒜末、熟芝麻，最后炝入辣椒油即可。

蒜香珍肉

主料

连皮猪五花肉	500克
大蒜	50克

调料

生抽	2大匙
蚝油	1大匙
盐	1/4小匙
冰糖	20克
花雕酒	2大匙

做法

① 将猪肉切成大块，大蒜去皮，备用。

② 锅内注入半锅冷水，放入猪肉块，中火煮至水开，继续煮2分钟后捞起，冲洗干净。

③ 将猪肉切成4~5毫米厚的长形肉片。

④ 将肉片逐片摆放在炒锅内，一边开小火一边转动锅子，将猪肉的油脂略煎出一些。

⑤ 用锅铲将肉翻面，直至两面都略呈焦黄色。

⑥ 将猪肉移到旁边，放入整瓣的大蒜，炒至蒜表面变成金黄色。

⑦ 锅内注入300毫升清水，水量要没过肉片，加入生抽、蚝油、冰糖、酒。

⑧ 大火烧开后转小火，加锅盖煮40分钟，至剩少许汤汁即可。

吉列猪扒

主料

猪里脊肉	300克

调料

盐	3/4小匙
黑胡椒粉	1/4小匙
白兰地酒（或料酒）	1大匙
全蛋液	2小匙
玉米淀粉	2小匙

裹料

面粉	30克
鸡蛋	1个
面包糠	60克

蘸料1

李锦记番茄沙司	2大匙
白糖	3小匙
清水	1大匙
玉米淀粉	2小匙
植物油	少许

蘸料2

丘比甜沙拉酱	2大匙
柠檬	半个
白糖	1大匙

做法

① 将猪里脊肉切成2指厚的肉片，鸡蛋打散成蛋液。

② 切去肉片侧面的筋膜。

③ 肉片用肉锤或刀背敲薄。

④ 将肉用腌料中的盐、黑胡椒粉、酒、玉米淀粉抹匀，再加鸡蛋液抓匀，腌制10分钟。

⑤ 在腌好的肉片两面拍上面粉。

⑥ 再两面裹上全蛋液。

⑦ 最后两面滚上面包糠。

⑧ 用手再将面包糠轻轻拍匀拍牢。

⑨ 锅内放油，中火烧至170℃，放入肉片炸1分钟，再翻面炸1分钟。

⑩ 转大火将油温升高，再放入猪排，用大火炸1分钟。

⑪ 炸好的猪排放在沥油网上沥净油，趁热切件即可。

贴心提示

- 蘸料1是将番茄沙司、白糖、玉米淀粉及清水在碗内调匀。锅内加热少许油，倒入酱汁，小火烧至酱汁浓稠即可。
- 蘸料2是将沙拉酱和白糖一起放入锅内，搅开，挤入柠檬汁，用小火煮至白糖溶化即可。

黄花菜木耳瘦肉汤

主料

黑木耳	30克
黄花菜	60克
猪瘦肉	适量

调料

盐	适量

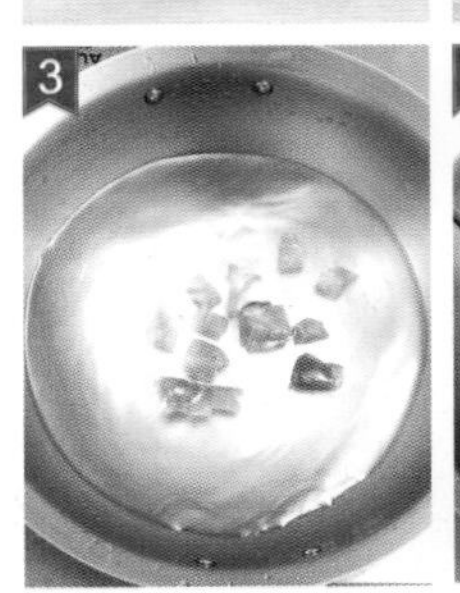

做法

① 黄花菜用水浸软，洗净；黑木耳浸软后去硬头，用水冲洗干净。

② 猪瘦肉洗净，切小块。

③ 放入沸水中汆烫5～10分钟，取出，用清水冲净血污，备用。

④ 将所有材料放入锅中，加水后大火煲至滚，转小火再煲2小时。加盐调味即可。

贴心提示

· 鲜黄花菜一定要先经过焯烫、泡煮等过程，干黄花菜在食用前最好也要浸泡一下。

酸菜肉丝汤

主料

净猪瘦肉	200克
泡青菜帮	200克

调料

湿淀粉50克，鲜汤500克，盐4克，胡椒粉2克，味精1.5克，醋30克，香油5克

做法

① 净猪瘦肉切成丝，用清水泡10分钟，捞出挤干水分，放入碗中，加盐、湿淀粉拌匀，泡肉丝的血水留用。

② 泡青菜帮用清水洗一下，切成丝，放入加有500克鲜汤的锅中煮约2分钟，捞入汤碗中。

③ 锅中调入盐、胡椒粉、味精，倒入泡肉丝的血水，搅匀，待汤刚开时撇去浮沫，倒入汤碗中。

④ 锅内另加入开水，将肉丝拨散放入，煮至断生后捞起，放入汤碗中，调入醋、香油即成。

老窖

红烧排骨

主料

排骨	400克

调料

植物油	1大匙
桂皮	2小块
细盐	1/2小匙
生抽、料酒	各1大匙
香葱	2根
姜片	5片
冰糖	20克
八角	2颗

做法

① 排骨洗净，剁成块。锅内烧开水，放入排骨汆烫至起浮沫，捞出冲洗净，沥净水，备用。

② 锅内放植物油，下冰糖，小火拌炒成深褐色。

③ 加入排骨，翻炒至均匀上色。

④ 倒入400毫升清水（水量高出排骨1厘米为宜），再加入所有剩下的调料。

⑤ 大火煮开后，将排骨连汤汁转到小的深锅内，加盖，小火焖煮40分钟。

⑥ 煮至水量剩约1/3时，将桂皮、姜片、香葱、八角捞出。

⑦ 继续煮至排骨可轻松用筷子插入的程度。

⑧ 转大火，将汤汁煮至仅够铺满锅底即可。

山楂烧排骨

主料

猪肋排骨	500克
山楂干	15克

调料

花椒	10粒
大葱段	2段
生姜	3片
八角	2颗
香叶	1片
红曲米	10克
陈醋	30克
冰糖	50克
料酒	2大匙
老抽	1/2大匙
生抽	1大匙
盐	1小匙
植物油	2大匙

做法

① 排骨冲洗一下，沥干，斩成6厘米长的段。

② 取一香料包，将山楂干和红曲米放入包中。

③ 锅内加水，放入花椒、料酒烧开，加入排骨余烫至水再次沸腾，捞起排骨，沥净水分。

④ 炒锅放油烧热，放入大葱段、香叶、八角炒出香味。

⑤ 加入余烫过的排骨，小火煎至表面微焦黄。

⑥ 加入冰糖、醋、生抽，放入香料包。

⑦ 大火烧开，盖上锅盖，转小火炖40分钟。

⑧ 用筷子夹出里面的香料包及大葱、八角，加入盐。

⑨ 打开锅盖，继续用小火炖至汤汁浓稠、微微起泡即可。

贴心提示

· 山楂干可以使排骨肉质软嫩，增加果香。通常，在香料店、药店以及菜市场都可以买到。如果没有香料包，用纱布包起再扎紧口也可以。

· 红曲米可使肉色泽红亮，在菜市场的香料店可以买到。实在买不到也没关系，可以不用。

· 过早放盐易导致肉质变老，在快要收汁的时候再放盐，这样口感更好。

· 最后收汁的时候要在旁边守着，看见汤汁起大泡泡，就要马上熄火。如果把汁收得太干，就只剩下油了，味道不好。

土豆西红柿炖肋排

主料

猪肋排500克，土豆120克，西红柿适量，葱段、姜片各少许

调料

盐、白糖、生抽各1小匙，老抽1大匙，料酒适量，桂皮、香叶、干辣椒各少许

做法

① 土豆切块；西红柿洗净，切块；干红辣椒洗净，切小圈。备好其他食材。

② 将猪肋排洗净，剁成段，用清水冲洗干净后入锅，锅中继续加入姜片、葱段、桂皮、香叶和适量清水大火煮开，捞出排骨，沥干水分，排骨汤留用。

③ 油锅烧热，下干红辣椒圈爆香，放入排骨、土豆块、料酒、生抽、老抽炒匀。

④ 倒入排骨汤，大火烧开后加入白糖、盐、西红柿块，转小火炖1个小时即可。

芋头炖排骨

主料

芋头450克，排骨300克，青蒜15克，香菇3朵

调料

老抽2大匙，盐1/2小匙，鸡精1/4小匙，胡椒粉少许，醪糟1大匙

做法

① 芋头洗净、去皮、切块；排骨用凉水冲洗干净，剁成块；青蒜洗净，切段；香菇洗净，切块。备好其他食材。

② 锅中盛水，将水煮沸后加入排骨块汆烫，去血水，捞出，备用。

③ 油锅烧热，下芋头块稍炸至熟，捞出沥油，备用。

④ 油锅烧热，加入青蒜段及香菇块爆香，加入排骨、老抽和适量水，煮沸后盖上锅盖，以小火炖40分钟。

⑤ 锅中加入芋头块和所有调料，炖约20分钟至软烂，起锅前再焖10分钟即可。

糖醋排骨

主料

猪肋排 350克

调料

白糖100克，醋50克，葱末、姜末、盐、酱油、料酒、淀粉、花生油各适量

做法

① 肋排剁段，加盐、料酒、淀粉拌匀入味。
② 白糖、醋放碗内，加入酱油、料酒、淀粉及适量清水调成芡汁。
③ 炒锅放油烧热，放入肋排，慢火炸至呈金黄色，捞出沥油。
④ 炒锅留少许油烧热，下葱末、姜末爆香，倒入调好的芡汁，烧开推匀。
⑤ 放入炸好的排骨翻匀，使芡汁裹匀排骨。
⑥ 淋入少许熟油，出锅即可。

辣子蒜香骨

主料

猪瘦排骨 300克

调料

蒜蓉、料酒、精炼油、干辣椒、吉士粉、熟白芝麻、花椒、盐、嫩肉粉、姜片、干细淀粉、鸡精各适量

做法

① 排骨改刀成2厘米长的段，用盐、蒜蓉、料酒、嫩肉粉码味30分钟，加入吉士粉、干细淀粉、精炼油拌匀。干辣椒去籽，切成2厘米长的段。
② 锅置旺火上，加入精炼油，烧至五六成热时，放入排骨炸至干香金黄时捞出。
③ 锅置中火上，加入精炼油，烧至四五成热，放入干辣椒、花椒、姜片炒香。
④ 再放入排骨、盐、鸡精，炒制入味，起锅，撒入熟白芝麻推匀，装盘即可。

粉蒸排骨

主料

猪小排	500克
土豆	2个

调料A

蒸肉米粉	1包
生姜	1片
大蒜	2瓣
香葱	2根
香油	1/2大匙
红油豆瓣酱	1/2大匙

调料B

红油豆瓣酱	1/2大匙
花椒粉	1/4小匙
胡椒粉	1/8小匙
腐乳汁	1大匙
料酒	2小匙
八角	1个

做法

① 猪小排斩成3厘米长的小段，用清水浸泡1小时，洗净血水。土豆去皮，切滚刀块。葱、姜、蒜切碎。

② 排骨中加入葱、姜、蒜和调料B拌匀，腌制20分钟。

③ 加入蒸肉米粉，用手抓匀，再加入1大匙清水拌匀，最后加入香油拌匀。

④ 土豆块用红油豆瓣酱拌匀，铺放在碗底。

⑤ 排骨平铺在土豆块上，放入烧开水的蒸锅内，加盖，大火蒸60分钟。

⑥ 取出蒸好的排骨，表面撒上香葱末装饰即可。

贴心提示

· 就像煮饭一样，如果水加不够米粉会发硬。

· 蒸排骨的时间很长，所以中途一定要记得往蒸锅里加一次水。

白云猪手

主料

猪前后脚　各1只

调料

盐45克，白醋1500克，白糖500克，五柳料（瓜英、锦菜、红姜、白酸姜、酸芥头制成）60克

做法

① 将猪脚放入沸水锅中煮约30分钟，改用清水冲漂约1小时，切成块。

② 净锅加水烧沸，放入猪脚块煮约20分钟，取出。

③ 将猪脚块再用清水冲漂约1小时，然后换沸水煮20分钟至六成软烂，取出晾凉，装入盛器中。

④ 将白醋煮沸，加入白糖、盐煮至溶解，滤清。晾凉后倒入放猪脚的盛器里，浸泡腌渍6小时后加五柳料即可食用。

五香猪蹄

主料

猪蹄前段2个，葱段20克，姜片15克，香菜叶少许。

调料

A.米酒3大匙，花椒粒、白胡椒粒各1小匙；

B.五味酱1份。

做法

① 将猪蹄前段洗净，切块，入沸水中煮6分钟，捞出过凉后，控水，备用。

② 猪蹄块入沸水，加剩余材料和调料A。

③ 将猪蹄块入蒸锅中蒸30分钟，停火10分钟，再蒸20分钟停火，最后焖30分钟。

④ 将五味酱全部入碗中，混合搅拌均匀，腌制2小时。

⑤ 将已经蒸好的猪蹄，沥干汤汁放入盘中，浇上五味酱，撒上香菜叶即成。

猪蹄瓜菇煲

主料

红枣	30克
猪前蹄	1只
丝瓜	300克
豆腐	250克
香菇	30克
黄芪、枸杞子、当归	各适量

调料

姜、盐	各适量

做法

① 香菇洗净，泡发，去蒂。

② 丝瓜削去皮，洗净，切块。

③ 豆腐冲洗一下，切块备用。

④ 猪蹄切块放入开水锅中煮10分钟，捞起，用水冲净。

⑤ 黄芪、枸杞子、当归、红枣放入纱布袋中，备用。

⑥ 锅内入药袋、猪蹄、香菇、姜片及适量清水，大火煮开后改小火，煮1小时至肉熟烂。

⑦ 再放入丝瓜、豆腐，继续煮5分钟，加盐调味即成。

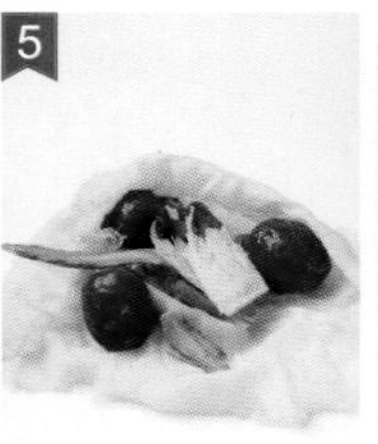

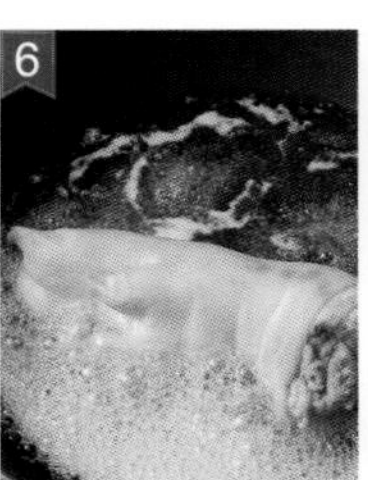

酥脆大肠

主料

熟猪大肠	500克
葱、姜、蒜	各15克

调料

A.淀粉3大匙，豆瓣酱、黄酒、老抽各2小匙

B.大料3个，胡椒粉、白糖各1小匙，盐1/2小匙，味精少许

做法

① 将熟猪大肠洗净，切段；姜、蒜洗净，切片；葱切段。备好其他食材。

② 油锅烧热，放入葱段、姜片、蒜片炒香。

③ 倒入豆瓣酱，翻炒均匀，加黄酒、老抽、适量开水，煮沸后，捞出豆瓣渣。

④ 放入猪大肠段和调料B，用小火煮几分钟。

⑤ 捞出猪大肠段沥干，装入碗中，加淀粉拌匀。油锅烧热，放入大肠段炸酥，捞出，装盘稍点缀即可。

苦瓜烧肥肠

主料

苦瓜	1根
大肠	1条
辣椒	1个

调料

料酒	5克
蒜末	5克
酱油	8克
白糖、芡汁	各3克
胡椒粉	少许
色拉油	适量

做法

① 辣椒切斜片。苦瓜洗净，剖开后去籽。

② 苦瓜先横切成3小段，再直切成条状。

③ 大肠洗净，煮烂后取出，剖开，切条。

④ 锅中下油烧热，放入蒜末，再放入大肠同炒。

⑤ 锅中放入苦瓜，加入料酒、酱油、白糖、胡椒粉，小火烧至入味。

⑥ 放入辣椒片，待汤汁稍收干时勾芡，盛出即可。

贴心提示

· 大肠可买现成煮好的，也可一次多煮几条，煮烂后放入冰箱冷冻，随取随用。

豆豉肥肠

做法

① 将白水肥肠切成菱形块。

② 小青椒、小红椒去蒂，切成马耳朵形。

③ 锅置火上，烧精炼油至六成热，下肥肠、小青椒、小红椒，炒至断生。

④ 再加永川豆豉、盐炒香入味，烹料酒，加白糖，放鸡精、味精、香油，翻转和匀，起锅盛盘即成。

主料

白水肥肠	200克
永川豆豉	15克
小青椒	15克
小红椒	15克

调料

盐	3克
料酒	10克
味精、鸡精	各2克
白糖、香油	各5克
精炼油	50克

香辣大肠

主料

熟猪大肠 300克

西芹 250克

调料

大豆油、盐、味精、酱油、川椒、白糖、葱片、花椒油各适量

做法

① 西芹择洗净，取梗切段。

② 猪大肠洗净，煮熟切段。

③ 锅置火上，倒入大豆油烧热，下葱片、川椒炒香，放入西芹段煸炒片刻。

④ 再下入大肠，调入酱油、盐、白糖、味精翻炒均匀，淋入花椒油即可。

卤猪肝

主料

猪肝 2000克

调料

盐100克，料酒4小匙，味精1大匙，葱段20克，姜片10克，酱油3大匙，香料包1个（内装花椒、八角、丁香、小茴香、桂皮、陈皮、草果各适量）

做法

① 猪肝按叶片切开，用清水反复冲洗干净。锅内放入清水烧沸，加入葱、姜，再放入猪肝煮约3分钟，捞出。

② 锅内放清水，加入盐、味精、料酒、酱油、香料包，旺火烧沸，煮5分钟后关火。锅中放入猪肝焐至断生（切开猪肝，断面看不到血水），关火。

③ 边冷却边浸泡猪肝继续入味，食用时切片装盘。

酱汁肝片

主料

猪肝500克，葱末、姜末、蒜末各适量，香菜叶少许

调料

料酒2大匙，豆瓣酱1大匙，淀粉、醋各1小匙，盐、白砂糖各适量，老抽少许

做法

① 猪肝洗净，放入盐水中浸泡1.5小时。

② 猪肝捞出，切薄片，加料酒、淀粉抓匀，腌渍20分钟；醋、白砂糖、老抽、盐放入碗中，搅拌均匀，成料汁。

③ 油锅烧至七成热，放入猪肝片大火快炒，再放入豆瓣酱、葱末、姜末、蒜末，炒至猪肝九成熟，倒入料汁翻炒均匀，盛出，点缀上香菜叶即可。

鱼香肝片

主料

猪肝 200克

调料

混合油100克，泡辣椒20克，姜、蒜各10克，白糖8克，醋3克，盐3克，料酒4克，葱花25克，酱油10克，湿淀粉10克，鲜汤适量

做法

① 将猪肝切成柳叶片，并码上盐、湿淀粉腌渍各用，泡辣椒剁碎。

② 将白糖、醋、盐、酱油加鲜汤和湿淀粉调成味汁，待用。

③ 锅入油烧至七成热，猪肝下锅中，快速炒制。

④ 锅中烹入料酒，加泡辣椒、姜、蒜片、葱花，倒入味汁即可。

山药苦瓜煲猪肝

主料

猪肝200克，苦瓜2根，山药20克，枸杞20克，猪瘦肉50克

调料

盐、白胡椒粉、葱末、姜末、鸡汤、植物油各适量

做法

① 猪肉洗净，切片。猪肝处理好，切片。山药削去皮，切片。

② 锅入油烧至七成热，放入葱姜末、肉片和猪肝片煸炒出香味。

③ 加入适量鸡汤，放入山药片、枸杞、盐、白胡椒粉，用大火煮开。

④ 改用中火煮10分钟，放入苦瓜片稍煮即成。

腰花木耳汤

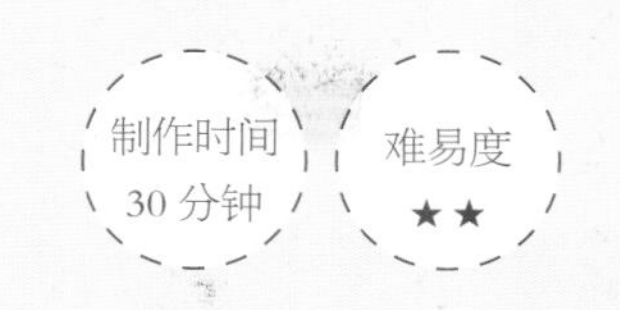

主料

猪腰	150克
水发木耳	60克
竹笋、青蒜苗	各30克

调料

盐、鸡粉、胡椒粉、香油各适量

做法

猪腰切腰花

① 在猪腰面上斜切一字刀。

② 垂直于切好的刀口再切花刀。

③ 将切好花刀的猪腰切件，即可用于烹调。

菜式烹饪

① 猪腰处理好，洗净，切成兰花片。

② 笋切片，青蒜苗切段。木耳切去硬蒂，洗净，切片。

③ 腰花片、木耳片、笋片汆水后捞出，放入碗中。

④ 锅内倒水，放入蒜苗段、盐、鸡粉、胡椒粉烧开，浇入碗中，淋上香油即可。

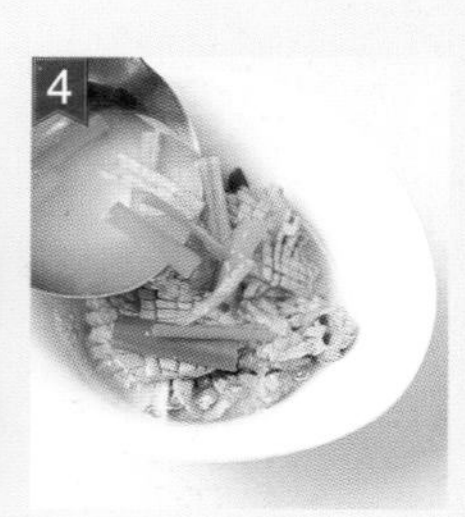

椒油拌腰花

主料

猪腰400克，莴笋50克，水发木耳25克

调料

花椒油、酱油、盐、味精、料酒、鸡汤各适量

做法

① 将猪腰除去外皮，片成两半。片去猪腰上的腰臊，在片开的面上切麦穗花刀，再将猪腰切成块。

② 将猪腰块放入沸水锅中氽熟，捞出沥干水分。

③ 木耳切成两半，莴笋切成象眼片，分别放入沸水锅中焯水，捞出。

④ 将鸡汤、酱油、料酒、盐、味精、花椒油放入碗内，调匀成味汁。

⑤ 将腰花、木耳、莴笋放入碗内，倒入味汁拌匀。

火爆腰花

主料

猪腰2个，干黑木耳100克，青红椒100克

调料

葱白、泡红辣椒各25克，姜片、蒜片各5克，酱油10克，盐、白糖、料酒各5克，湿淀粉15克，鲜汤50克，胡椒粉、味精各1克，混合油100克

做法

① 将处理好的猪腰剞花纹，切成宽约1.3厘米的长条。

② 猪腰码上料酒、盐、湿淀粉腌制。

③ 将胡椒粉、酱油、糖、味精、鲜汤、湿淀粉调成味汁。

④ 锅入油烧热，爆香姜蒜片。

⑤ 下腰花、木耳、青红椒、泡红椒、葱翻炒，倒入味汁，收汁即成。

红烧猪尾

主料

猪尾	2根
生栗子肉	50克
花生	30克
干黄豆（泡发）	30克
葱段、姜片	各适量

调料

冰糖10克，老抽1大匙，料酒3大匙，盐1小匙，香叶2片，桂皮1小块，大料1个

贴心提示

· 猪尾用水浸泡时，需要换3次左右的水，烧出的猪尾就不会有猪毛味和腥味。

做法

① 将猪尾巴用清水洗净，剁成块，放入清水中浸泡1小时左右，捞出，沥干，备用。

② 备好其他食材。

③ 锅内加冷油，放入冰糖，小火慢慢熬化，加猪尾块，小火炒至猪尾皮变色。

④ 烹入料酒，再加葱段、姜片、桂皮、香叶、大料略微翻炒。

⑤ 在锅中加水漫过猪尾块，加生栗子肉、花生、黄豆搅匀，用大火烧沸。

⑥ 接着调入老抽，转中火，再次烧沸。转小火烧至汤汁将尽时，加盐调味即可。

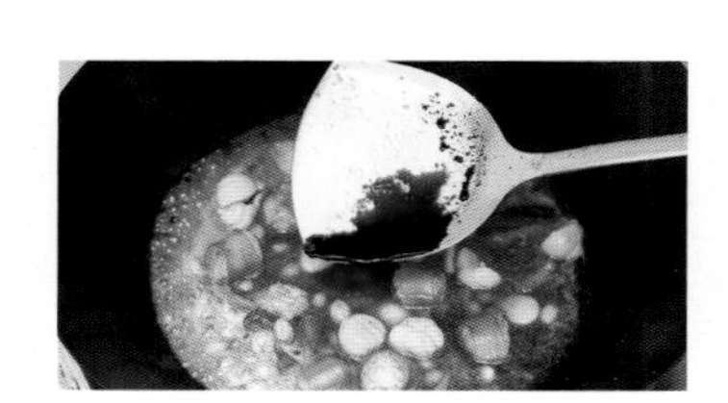

羊肉拌香菜

主料

羊肉 300克

香菜 100克

调料

醋、白胡椒粉、香油、辣椒油 各适量

做法

① 羊肉洗净，上锅烧开，撇净浮沫，捞出洗净。

② 将羊肉切成片；香菜择洗净，取梗切成段备用。

③ 将熟羊肉、香菜倒入盛器内，调入醋、白胡椒粉、香油、辣椒油拌匀，装盘即可。

彩椒羊肉

主料

熟羊肉 250克

彩椒 50克

香菜 10克

调料

盐、味精、香醋、胡椒粉、香油 各适量

做法

① 将熟羊肉切薄片。彩椒洗净，去籽切丝。香菜择洗干净，切段备用。

② 熟羊肉倒入盛器内，调入盐、味精、香醋、胡椒粉、香油，再加入彩椒、香菜，拌匀即成。

羊肉烧丝瓜

主料

嫩丝瓜500克，羊肉100克，鲜红尖椒1个

调料

豆瓣酱25克，葱末、姜末、蒜末、料酒、酱油、味精、白糖、盐、水淀粉、花生油各适量

做法

① 丝瓜去皮洗净，切成粗条。豆瓣酱剁碎。

② 羊肉洗净，切片。红尖椒去蒂、籽，切块。

③ 炒锅入油烧热，下肉片炒散。

④ 下豆瓣酱、葱姜蒜末炒香。

⑤ 放入丝瓜条煸炒几下。

⑥ 加入料酒、酱油、白糖、盐及少许清水煨熟。

⑦ 下红尖椒块、味精炒匀，收浓汤汁。

⑧ 用水淀粉勾薄芡，出锅即成。

红烧羊肉

主料

带皮羊肉650克，胡萝卜2根，葱花、姜片各少许

调料

大料、花椒、胡椒粉各少许，盐1小匙，料酒、生抽、老抽各适量，冰糖10克

做法

① 将带皮羊肉，泡去血水后剁块；胡萝卜洗净，去皮切块。备好其他食材。

② 锅中盛水，将水煮沸后放入羊肉块汆烫片刻，捞出沥干水分，备用。

③ 油锅烧热，爆香姜片、花椒、大料，放入羊肉块、料酒大火翻炒。然后下胡萝卜块、生抽、老抽炒匀，注入适量清水大火煮开。

④ 加入冰糖转中火炖煮，待汤汁浓稠、羊肉熟烂时，调入盐、胡椒粉，撒上葱花即可。

孜然羊肉

主料

鲜羊肉 250克

小青椒 30克

调料

干辣椒节10克，花椒1克，熟芝麻、味精各3克，孜然粉、辣椒面、五香粉各少许，盐2克，白糖5克，料酒10克，姜、葱各4克，精炼油500克，鲜汤45克，香油5克

做法

① 羊肉放入五成热油锅中，炸至酥香捞出。

② 锅入油烧热，下干辣椒、花椒，炒至辣椒呈棕红色。

③ 下羊肉片炒匀，加鲜汤，下料酒、五香粉、白糖、青椒，烧至汤干亮。

④ 再放孜然粉、辣椒面、味精、香油翻炒匀，盛入盘中，撒芝麻即成。

葱爆羊肉

主料

羊肉片 500克

葱、香菜 各适量

调料

盐、味精、醋、酱油、料酒、白糖、胡椒粉、香油各适量

做法

① 将葱滚刀切成段，香菜切段。

② 碗中放盐、味精、醋、酱油、料酒、白糖、胡椒粉、香油调成味汁。

③ 炒锅内放底油烧热，放葱段煸香。

④ 下入羊肉片、香菜段炒匀。

⑤ 倒入味汁，大火翻炒均匀即成。

韭菜薹炒羊肉

贴心提示

· 羊肉丝先滑油炒散，泡辣椒后入锅。

主料

羊肉	200克
鲜韭菜薹	100克
鸡蛋（取蛋清）	1个
马耳葱	适量
泡红辣椒	15克
姜丝	10克

调料

淀粉	2大匙
盐	1小匙
味精	1/2小匙
水淀粉	适量
胡椒粉	少许

做法

① 羊肉切成长10厘米、宽0.3厘米的丝，拌上部分盐、蛋清、淀粉，备用。

② 泡红辣椒切丝；韭菜薹洗净，切段。将胡椒粉、盐、味精、水淀粉放入碗内调成味汁，备用。

③ 油锅烧至五成热，下羊肉丝滑炒。

④ 放入马耳葱、姜丝、韭菜薹段翻炒片刻。

⑤ 再放泡红辣椒丝，淋入味汁，收汁起锅装盘即可。

小资羊肉

做法

①将所有食材准备好。羊肉切片。

②羊肉片加孜然粉、盐、黄酒、糖，搅拌均匀，腌渍10分钟至入味。

③烧热油锅，爆香姜蒜末、花椒、干辣椒段，然后倒入羊肉片，改成大火，快速翻炒数下。

④出锅前倒入孜然粒、香菜段，翻炒片刻，即可出锅。

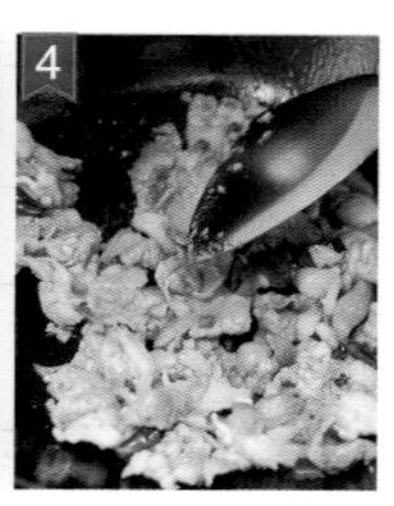

主料

羊肉	500克
香菜段	100克
姜蒜末	50克

调料

盐	2小匙
白糖	1小匙
孜然粉、孜然粒、黄酒、盐、干辣椒段	各适量
花椒	5粒

萝卜豆腐炖羊肉

主料

羊肉 200克

萝卜、豆腐 各50克

调料

香菜、香油、盐、胡椒粉、味精、葱、姜块各适量

做法

① 羊肉切小块，下沸水锅氽熟，捞出洗净。

② 萝卜去皮，切块，入沸水中烫熟，捞出沥净水分。

③ 豆腐切成与萝卜相同大小的块。香菜择洗干净，切成碎末。

④ 汤锅加清水烧开，下入羊肉、葱、姜块、盐。

⑤ 炖至羊肉八成熟时加入萝卜、豆腐，炖至熟烂。

⑥ 加味精，撒胡椒粉、香菜末，淋上少许香油，出锅即可。

白萝卜炖羊腩

主料

羊腩	300克
白萝卜	200克
姜片	20克

调料

盐	1/2小匙
醪糟	2小匙
大料	3个
桂皮	1小段
花椒粒	1小匙

做法

① 羊腩洗净，切块；白萝卜洗净，切块。备好其他食材。

② 锅中盛水，将水煮沸后加入羊腩块汆烫约5分钟，捞出洗净，切块备用。

③ 将白萝卜块放入沸水中，加部分花椒粒、大料、桂皮焯烫断生，捞出，备用。

④ 锅中加入适量水，下羊肉块与白萝卜块，再加入其余材料及调料。

⑤ 小火炖煮约1小时即可。

贴心提示

· 本菜搭配红酒一同进食，可以解除肉的肥腻，增添一些异域口味与情趣。

羊肉虾皮羹

主料

羊肉	150～200克
虾皮	30克

调料

大蒜	40～50克
葱	少许

做法

① 羊肉洗净，切成薄片，备用。

② 虾皮洗净，蒜切片，葱切葱花。

③ 锅置火上，加水烧开，放入虾皮、蒜片、葱花。

④ 待虾皮煮熟后放入羊肉片，再稍煮至羊肉片熟透即可。

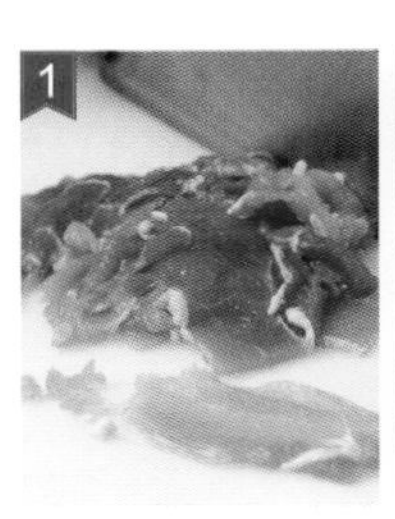

羊肉丸子萝卜汤

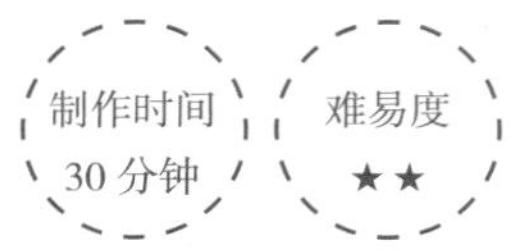

主料

羊肉	200克
白萝卜	1根
鲜香菇	150克
肥肉末、芹菜末	各50克

调料

葱姜汁、盐、味精、胡椒粉、高汤、香油、香菜、鸡蛋液、植物油、淀粉各适量

做法

① 白萝卜、香菇分别切成大小合适的块。

② 羊肉剔去筋，剁成细蓉，放入盆中。

③ 将葱姜汁徐徐倒入盆中，沿一个方向搅打上劲。

④ 盆中再加入鸡蛋液、肥肉末、芹菜末、盐、味精、胡椒粉、淀粉，搅拌均匀。

⑤ 大火烧沸，将羊肉馅下成小丸子，放入锅中，慢火将丸子氽熟，下入萝卜块和香菇块，加调料调味。

⑥ 出锅时撒香菜末，淋上香油即成。

鱼羊鲜

主料

净羊肉 200克

净鱼肉 350克

调料

葱片 5克

姜片 5克

盐 5克

鸡粉 3克

胡椒粉 5克

高汤 500克

熟猪油 30克

香葱末 少许

做法

① 净鱼肉、羊肉改刀切片，加盐码味。

② 炒锅上火，加入熟猪油烧热，放入葱片姜片煸香。

③ 加高汤烧沸，下羊肉片、鱼肉片烧5分钟。

④ 用盐、鸡粉、胡椒粉调味，撒香葱末，出锅即可。

山药羊肉汤

主料

羊肉 500克

淮山药 50克

调料

生姜、葱白、胡椒、料酒、盐 各适量

做法

① 生姜、葱白洗净，拍破。淮山药用清水闷透，切成厚0.2厘米的片。

② 羊肉剔去筋膜，洗净，略划刀口，再入沸水锅内氽去血水，捞出控干水分。

③ 淮山药片与羊肉一起放入锅中，加清水、生姜、葱白、胡椒、料酒，武火烧沸。

④ 撇去汤面上的浮沫，移小火上炖至酥烂。

⑤ 捞出羊肉晾凉，切片，放入碗中。

⑥ 将原汤中生姜、葱白除去，连山药一起倒入羊肉碗内即成。

花羊肾

主料

鲜羊肾500克，嫩豌豆尖150克，泡红辣椒10克，蒜苗20克，姜末适量，蒜末少许

调料

盐1小匙，郫县豆瓣2大匙，味精半小匙，鲜汤100毫升，水淀粉1大匙，香油2小匙，胡椒粉少许

做法

① 豆瓣剁细；泡红辣椒去籽，洗净，切马耳朵形；蒜苗洗净，切马耳朵形；羊肾洗净，去筋膜，对剖成两半，打十字花刀，切成菊花状，用清水漂洗，备用。

② 油锅烧至三成热时，放入豆瓣和泡红辣椒炒热，下姜末、蒜末炒出香味，下入氽熟的羊肾、蒜苗、香油炒匀，加入鲜汤烧开，放入胡椒粉、味精、盐调味。

③ 放入豌豆尖烧至断生，用水淀粉勾芡即可。

莴笋炒羊肝

主料

羊肝450克，莴笋80克，葱适量

调料

料酒2大匙，胡椒粉1大匙，花椒油1小匙，味精1/2小匙，盐、生抽各少许

做法

① 羊肝洗净，切片；莴笋去皮，洗净，切片；葱切末，备用。

② 所有调料放入碗中，调拌成味汁，备用。

③ 油锅烧热，放入羊肝片翻炒片刻，然后放入莴笋片翻炒均匀，调入调味汁，翻炒至入味，最后撒入葱末即可。

韭菜炒羊肝

主料

羊肝	300克
韭菜	200克

调料

盐	1小匙
料酒	适量
鸡精	少许

做法

① 韭菜洗净，切段；羊肝去筋膜后洗净，切片。

② 将羊肝片放入沸水锅中氽烫透后捞出，沥干水。

③ 油锅烧热，放入羊肝片滑炒至半熟，放入料酒、韭菜段炒匀，最后用盐、鸡精调味即可。

金针菇拌肥牛

主料

肥牛片	200克
金针菇	200克

调料

生抽	1大匙
蚝油	1大匙
鸡精	1/4小匙
香油	1大匙
香菜	1根
新鲜红椒	1个
大蒜	2瓣
自制花椒油	1/2大匙

做法

① 肥牛片提前从冰箱取出解冻。金针菇切去根部，撕开。香菜切段。红椒切丝。大蒜去皮，切碎。

② 将生抽、蚝油、鸡精、香油、花椒油放碗内，加入蒜碎调匀，备用。

③ 锅内烧开水，放入金针菇汆烫至水开，捞起沥干水分。

④ 再将肥牛片放入锅内汆烫，中途用筷子把肥牛卷展开。

⑤ 汆烫至肥牛片转白色，捞起沥干水分。

⑥ 香菜碎、红椒丝、金针菇、肥牛放碗内，加入调好的料汁拌匀即可。

贴心提示

- 这道菜属温拌菜，要趁温热的时候吃，否则肥牛片凉了，油脂会凝结，就不好吃了。
- 肥牛片汆烫的时间不宜过长，只要看到锅里的血沫浮上来、肉色转白，就可以捞起。

酱牛肉

主料

牛腱肉　1000克

调料

盐、姜、八角、花椒、桂皮、生抽、茴香、甘草、大葱、白糖、香叶、陈皮、五香粉各适量

做法

① 牛肉略煮捞出，用冷水浸泡。

② 将花椒、八角、陈皮、小茴香、甘草、桂皮和香叶包入纱布料包中。姜洗净，用刀拍散。

③ 锅中倒入适量清水，大火加热，依次放入香料包、葱、姜、生抽、白糖、五香粉。煮开后放入牛肉，继续用大火煮约15分钟，转至小火烧到肉熟。

④ 将冷却好的牛肉倒入烧开的汤中，小火煨半小时，盛出，冷却后切薄片即可。

麻辣牛杂

主料

牛舌、牛心、牛肚、牛肉各100克，芝麻30克，芹菜、油酥花生仁各50克

调料

红油、花椒面、盐、味精、酱油、料酒、五香料、香油各适量

做法

① 牛舌、牛心、牛肚、牛肉洗净，放入沸水锅中，加五香料、料酒卤熟。

② 芝麻下锅炒香，油酥花生仁研成碎米粒状。芹菜洗净，切粒。

③ 将卤好的牛内脏捞起，沥干水分，晾凉，切成片，装入盘内。

④ 油酥花生仁粒、芝麻装在碗中，加入红油、味精、盐、酱油、花椒面、香油调成麻辣味汁。

⑤ 将味汁淋在牛肉片上，撒上芹菜粒即成。

干煸牛肉丝

主料

牛肉 500克

芹菜 200克

调料

郫县豆瓣酱、绍酒、白糖、盐、味精、姜、花椒面、花生油、干红辣椒 各适量

做法

① 牛肉洗净，切成细丝。芹菜择洗干净，去叶，切长段。姜切丝，干红辣椒斜切成段。

② 锅中加油烧热，煸香干辣椒。

③ 下牛肉丝炒散，放入盐、绍酒、姜丝继续煸炒。

④ 待牛肉水分将干、呈深红色时下豆瓣酱炒散，待香味逸出、肉丝酥软时，加芹菜、白糖、味精炒熟，倒在盘中，撒上花椒面。

黑胡椒牛柳

主料

嫩牛肉300克，洋葱1/2个，红辣椒丝80克

调料

A. 酱油、水、淀粉、小苏打各适量；B. 酱油、料酒、黑胡椒、白糖、盐、高汤各适量；C. 蒜末15克，红葱末5克，盐少许，植物油1杯

做法

① 调料A调匀，放入牛肉丝抓拌均匀，腌30分钟。锅入油烧至八成热，下牛肉丝过油至九成熟，捞出。

② 洋葱炒香，加盐调味。入红辣椒丝炒。

③ 另起锅，入油烧热，炒香蒜末和红葱末，加调料B炒煮至浓稠，成黑胡椒酱。

④ 将一半黑胡椒酱淋在洋葱丝上。

⑤ 再将牛肉丝入锅中拌炒一下，加入剩余的胡椒酱，盛放在洋葱丝上即可。

椒酱炒牛肉丝

主料

牛里脊肉300克，葱丝80克，姜丝10克

调料

山椒酱2大匙，料酒4大匙，蒜泥4小匙，红油1大匙，香油1小匙，味精1/2小匙，水淀粉适量，盐少许

做法

① 牛里脊肉去筋，切成长10厘米、宽0.3厘米的丝，拌上盐、部分料酒、水淀粉腌渍片刻，备用。

② 将剩余料酒、盐、味精、水淀粉、蒜泥调成味汁。

③ 油锅烧至五成热，下牛肉丝滑炒，再下姜丝、山椒酱，炒至断生，调入味汁，收汁后，淋上红油、香油，起锅，撒上葱丝即可。

素炒牛柳

主料

牛柳片300克，芥蓝150克，姜片适量

调料

水淀粉2大匙，老抽1小匙，料酒1大匙，白砂糖少许，淀粉适量

做法

① 芥蓝洗净，切斜段，放入沸水中焯烫后捞出，过凉。

② 将牛柳片放入碗中，加淀粉、部分料酒、老抽抓匀，腌渍15分钟，放入热油锅中滑熟，盛出，沥油，备用。

③ 另起油锅烧热，爆香姜片，然后放入芥蓝段翻炒片刻，再放入牛柳片、白砂糖、剩余料酒略炒，最后加水、淀粉勾芡即可。

铁板牛柳

主料

牛里脊肉 200克
芹菜、洋葱 各适量

调料

泡辣椒、老姜、大葱、蒜、盐、味精、鸡精、白糖、醋、料酒、胡椒粉、水淀粉、鲜汤、香油、植物油各适量

做法

① 捞出牛肉放入碗中，加盐、料酒、水淀粉拌匀，静置15分钟入味上浆。碗中放入盐、味精、鸡精、白糖、醋、胡椒粉、鲜汤、淀粉调匀成味汁。

② 锅置旺火上，加水烧沸，放入牛肉氽至断生，捞出。炒锅中加油烧至四成热，投入泡辣椒、姜蒜末炒香上色，烹入味汁，烧至汁变浓稠，盛入碗中。

③ 铁板烧红，随香油、牛肉、味汁、芹菜、洋葱、葱丝一同上桌。铁板中先倒入香油，然后依次投入洋葱、芹菜、葱丝、牛肉，烹入味汁，盖上盖，烹至香气四溢时和匀即成。

石锅牛仔柳

主料

牛柳、金针菇、灯笼椒各适量

调料

盐、味精、生抽、蛋清、鲜汤、姜、蒜、葱花、豆瓣、花椒、辣椒、花生油各适量

做法

① 牛柳切片，加生抽、蛋清腌制入味，用温油滑熟。金针菇焯水待用。

② 锅入油烧热，炒香灯笼椒、豆瓣、姜、葱、蒜，加鲜汤、盐、味精和水稍煮片刻，去渣，倒入牛肉煮熟，盛于盘中，放焯熟的金针菇，撒葱花。

③ 另起锅，入油烧至六七成热，下辣椒、花椒煸香，浇在牛肉上即成。

泡椒牛肉丝

主料

牛肉	300克
泡椒	100克
芹菜	50克
姜	适量

调料

盐、醋	各1小匙
老抽	1大匙
干辣椒	适量

做法

① 牛肉洗净，切丝；干辣椒洗净，切碎；姜洗净，切片；芹菜洗净，切段。备好其他食材。

② 油锅烧热，下牛肉丝翻至变色。

③ 放入泡椒、芹菜段一起炒匀再加入干辣椒碎、姜片炒熟。

④ 加入盐、老抽、醋拌匀调味，起锅装盘即可。

番茄土豆煮牛肉

主料

番茄	200克
土豆	150克
牛肉	300克
大青椒、红椒	各1个

调料

盐、十三香各5克，味精、胡椒各3克，番茄酱、姜末、蒜末各适量

做法

① 番茄、牛肉、大青椒、红椒分别洗净，切块。

② 土豆洗净，去皮，切块，浸泡在清水中，待用。

③ 将牛肉入沸水锅中汆烫，捞出控干水分。

④ 土豆入五成热的油中炸至呈金黄色，滗去油。

⑤ 锅中放油烧热，炒香姜、蒜、番茄酱，下入牛肉及适量水，煮40分钟。

⑥ 再下土豆、青椒、红椒、番茄，再煮20分钟，加入盐、味精、十三香、胡椒调味即可。

茄汁黄豆牛腩

主料

牛腩	300克
土豆、番茄	各100克
黄豆、青豆	各50克

调料

盐、味精、鸡粉、香油、香料包、高汤、淀粉、花生油各适量

做法

① 牛腩加香料包煮熟，切成块；土豆、番茄分别切丁；黄豆用清水泡发。

② 土豆丁入沸水中焯至熟透，捞出控水。

③ 起油锅烧热，放入番茄丁炒香，加入黄豆、青豆、土豆丁，调入盐、味精、鸡粉。

④ 淋入少许高汤，放入牛腩块烧至入味，勾芡，淋香油，拌匀出锅即可。

啤酒牛肉锅

主料

牛肉	300克
牛筋	300克
胡萝卜	1根
洋葱	2/3个
姜	1块
蒜	5瓣
干辣椒	5个

调料

料酒	2汤勺
糖	1茶匙
生抽	1茶匙
黑啤	1瓶
番茄酱	1汤勺

做法

① 锅中烧足量水，水开后放入洗净的牛筋汆烫。

② 汆烫后的牛筋洗去表面浮沫，切大块。

③ 将牛筋放入高压锅。

④ 加入料酒、生抽和干辣椒，加压15分钟。

⑤ 另起锅加适量油，放入姜蒜炒香。

⑥ 闻到香味后加入牛肉翻炒。

⑦ 变色后放入已经处理过的牛筋。

⑧ 再放入胡萝卜块，加入生抽、糖和番茄酱。

⑨ 最后倒入啤酒，大火煮开，转小火炖20分钟，放入洋葱，炖至汤汁浓稠即可。

胡萝卜炖牛肉

主料

胡萝卜180克，牛肉70克，香菜5根，蒜3瓣，姜5克

调料

盐、白胡椒粉各少许，香油1小匙

做法

① 牛肉洗净，切块；胡萝卜削皮后切块；蒜、姜分别切片；香菜洗净，切碎，备用。

② 锅中盛水，将水煮沸后加入牛肉块汆烫，去血水备用。

③ 锅中放入适量水、牛肉块、胡萝卜块、蒜片、姜片与所有调料。

④ 汤锅盖上锅盖，炖约20分钟，起锅前加入香菜碎即可。

豆腐牛肉汤

主料

豆腐150克，牛肉50克，陈皮20克，油菜30克，平菇1朵，姜末适量，洋葱少许

调料

盐1小匙，白砂糖1/2大匙，老抽少许，料酒适量

做法

① 洋葱去皮，洗净，切块；平菇洗净，撕散；牛肉洗净，切块；准备好其他材料。

② 豆腐切块，放入沸水锅中焯烫透，去豆腥味，捞出，沥水。

③ 油锅烧热，放入姜末、洋葱块稍炒，加老抽、料酒、盐、白砂糖、陈皮煮开。

④ 放入平菇、豆腐块、牛肉块，加水煮至入味，最后放入油菜煮开即可。

咖喱炖牛腩

制作时间 60分钟

难易度 ★★★

主料

牛腩	1000克
白洋葱	1个
番茄、土豆	各1个
胡萝卜	1根

调料

大蒜	3瓣
色拉油	适量
日式咖喱块	240克

（实用2/3块）

做法

① 番茄用餐叉叉住，放在炉火上烤30秒钟，剥去表皮。

② 番茄切块，洋葱切块，土豆、胡萝卜切成2厘米见方的块。

③ 牛腩切4厘米见方的块。锅内烧开水，放入牛腩块汆烫至水开，捞出沥水。

④ 炒锅放入油烧热，下一半洋葱块炒至呈淡黄色，加入番茄块炒软。

⑤ 加入牛腩及适量热开水，水量要没过牛腩，大火煮开。

⑥ 连汤汁一起倒入电压力锅内，旋至“排骨” 档，炖至用筷子可轻松扎透牛腩。

⑦ 另起油锅烧热，下入剩余洋葱块炒至呈淡黄色，加土豆块和胡萝卜块翻炒3分钟。

⑧ 倒入炖好的牛腩和汤，加入咖喱块，中火烧开，改小火熬30分钟，至汤变得浓稠即可。

金针酸汤肥牛

主料

肥牛片	200克
金针菇	1把
绿豆粉丝	1把（约50克）

调料

生抽	1/2大匙
鸡精	1/4小匙
陈醋	1/2大匙
高汤	3杯
芝麻油	2小匙
植物油	3小匙
李锦记蒜蓉辣酱	1大匙
白胡椒粉	1/4小匙
四川红泡椒	10个
酸笋	40克
花椒	10颗
姜蓉	10克
香葱碎	10克
干红椒	5个

做法

① 肥牛片提前解冻，金针菇切去根，红泡椒及酸笋切丁，干红椒剪成段。

② 绿豆粉丝用冷水浸泡30分钟至软。

③ 锅内烧开水，放入金针菇氽烫1分钟，捞起。

④ 锅内再放入绿豆粉丝，氽烫1分钟后捞起沥水。

⑤ 炒锅内放入植物油，冷油放入花椒，用小火炸出香味，捞出花椒。

⑥ 炒锅内放入植物油，冷油放入花椒，用小火炸出香味，捞出花椒。

⑦ 放入姜、蒜、泡椒段及酸笋丁，炒出香味。

⑧ 加入高汤或清水，加入蒜蓉辣酱、陈醋、生抽、白胡椒粉、鸡精，大火煮开。

⑨ 加入烫过的金针菇及粉丝，再放入解冻好的肥牛片。煮至肥牛片由红色转为白色。

⑩ 将所有原料装入煲内，撒上香葱及干红椒。炒锅内放入芝麻油和植物油，烧热，趁热淋在香葱碎及干红椒上即成。

贴心提示

· 最后用热油淋香葱碎及干红椒的目的，是要炸出葱香和椒香，注意不要淋在菜上。

· 粉丝、金针、肥牛这三种食材都很容易熟，不需要煮过长时间。

· 泡椒和酸笋都是在菜市场的小摊上买的，买不到酸笋的话可以用酸萝卜代替。

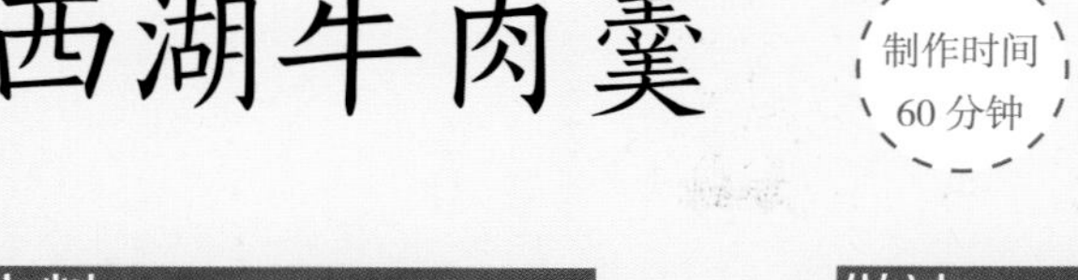

主料

牛肉	150克
蘑菇	50克
豆腐	50克
鸡蛋清	1个

调料

香菜	2根
香葱	1根
生姜	2片
盐	1/2小匙
鸡精	1/4小匙
白胡椒粉	1/4小匙

水淀粉（用玉米淀粉2大匙加清水2大匙调成）

做法

① 牛肉剁碎，尽量剁细。蘑菇去蒂，切碎。豆腐切小块。香菜、香葱切碎。鸡蛋取蛋清备用。

② 锅内烧开一锅水，取一汤匙开水放入牛肉碗内，搅匀后倒入漏勺中，沥干血水，备用。

③ 将蘑菇、豆腐块、姜片放入开水中煮开。

④ 加入沥净血水的牛肉末，煮开。

⑤ 加水淀粉勾芡，煮至汤变浓稠，拣去姜片，调小火，转圈淋入蛋清。

⑥ 熄火后加入盐、胡椒粉、鸡精，撒香菜碎和香葱碎即可。

贴心提示

· 勾芡时最好分两次加水淀粉，加第一次后如果觉得不够浓稠，再加第二次。

· 淋入蛋清的时候要转着圈慢慢淋入锅内，开小火，以免把蛋清煮老。

· 剁碎的牛肉如果直接下锅煮，就会粘连在一起，很难散开。先用开水烫一下，不但可以把牛肉搅散，还可以去除血水。

萝卜焖牛腩

主料

新鲜牛腩	500克
白萝卜	1根

调料

老抽	2小匙
花椒	10颗
生抽	1大匙
米酒	1大匙
太古冰糖	6颗
香麻油	1大匙
植物油	1大匙
白胡椒粉	1/4小匙
海天柱侯酱	2大匙
大葱	1根
桂皮	1根
生姜	1块
大蒜	5瓣
八角	3颗
香叶	3片

做法

① 牛腩切成4厘米见方的块。锅内烧开水，放入肉块氽烫。

② 水开后即可将牛肉块捞起，冲洗净。

③ 炒锅内烧热植物油，放入葱、姜、蒜、花椒、八角、桂皮、香叶，小火煸炒出香味。

④ 加入牛腩、柱侯酱炒匀，加清水（600毫升）、米酒、生抽、老抽、冰糖，加盖，大火煮开后转小火焖90分钟。

⑤ 白萝卜去皮、切块，放入开水锅中大火煮开，中火煮8分钟，捞起。

⑥ 锅中汤汁剩下少许、用筷子能轻松插入肉块中时，加入白萝卜块。

⑦ 再加入香油、胡椒粉，用小火煮约15分钟。

⑧ 至汤汁浓稠、萝卜均匀上色即可。

红烧蹄筋

主料

牛蹄筋400克，胡萝卜20克，笋片40克，黑木耳50克，葱段15克，姜片10克

调料

蚝油2大匙，盐少许，白糖1/4小匙，老抽、醪糟各1大匙

做法

① 胡萝卜切片；黑木耳泡发。

② 将牛蹄筋洗净后汆烫。

③ 油锅烧热，加入葱段及姜片爆香，加入胡萝卜片、笋片、黑木耳片及牛蹄筋拌炒。

④ 锅中盛水，加入调料煮沸，盖上锅盖，以小火炖煮烧至软烂后打开锅盖，拌匀食材，烧至入味即可。

酱香蹄筋煲

主料

牛蹄筋350克，青尖椒、红尖椒各1个，胡萝卜、冬笋各100克，干木耳30克，蒜片、姜块、葱花各10克

调料

大料3个，花椒10粒，盐、五香粉、白糖各1小匙，料酒、蚝油、生抽、郫县豆瓣酱各1大匙，水淀粉、桂皮各适量

做法

① 将牛蹄筋加入放了料酒的沸水中汆烫片刻，捞出沥干备用。

② 油锅烧热，下大料、桂皮、花椒、姜块、蒜片煸香，放入牛蹄筋翻炒3分钟，加配料继续翻炒至入味。加水改小火煲至牛蹄筋熟烂。

③ 放入木耳和青、红尖椒块，勾薄芡。

④ 煲至浓汤加调料放葱花即可。

红油肚丝

做法

① 牛肚洗净，入沸水锅内煮熟。

② 将熟牛肚捞起，晾凉，切成丝，装盘。

③ 酱油、辣椒油、糖、盐、味精调成红油味汁。

④ 将调味汁淋在肚丝上，撒香葱末即成。

主料

牛肚 400克

调料

香葱末、辣椒油、糖、酱油、盐、味精 各适量

大蒜炝牛肚

主料

牛肚	500克
蒜蓉	50克

调料

干辣椒段、葱花、红油、植物油、料酒、酱油各10克，盐5克

做法

① 牛肚洗净，切条。

② 牛肚条放入沸水锅中汆烫熟，捞出沥水。

③ 锅入油，放干辣椒段爆一下，然后烹入料酒，加酱油，依次放入红油、蒜蓉、盐。

④ 撒上葱花，翻炒炒匀，盛出后淋在牛肚上即可。

蒸牛百叶

做法

① 牛百叶洗净，切成4厘米长、1厘米宽的长条，待用。

② 红椒洗净，切丝。百叶条汆水后捞出，备用。

③ 将牛百叶、蒜蓉、红椒丝放入盘中，加盐、味精拌匀，放入蒸笼内。

④ 用大火蒸10分钟至牛百叶熟透，取出，淋上香油、米醋即可。

1 2 3 4

主料

牛百叶 300克

调料

红椒30克，蒜蓉8克，香油、盐、味精、米醋各适量

胡萝卜炖牛尾

主料

牛尾中段	250克
胡萝卜	250克

调料

葱段、姜片、八角、黄酒、蒜瓣、香油、酱油、湿淀粉、味精、盐各适量

做法

① 牛尾斩段，用清水浸泡1小时，放入沸水锅中汆一下，捞出。

② 牛尾段放入砂锅中，煮沸后撇去浮沫，加黄酒。

③ 小火煨40分钟后加入葱段、姜片、八角、黄酒、蒜瓣、盐、酱油，继续用小火煨煮成卤汁。

④ 胡萝卜切成片，与牛尾间隔整齐地码放入蒸碗内，倒入过滤好的卤汁。

⑤ 将蒸碗上笼，用大火蒸5分钟后取出，倒出蒸肉原汁。

⑥ 将倒出的原汁放入另一锅内，上火烧开，勾薄芡，淋香油，撒葱花、味精，浇在蒸碗内即成。

洋葱拌兔肉

主料

兔肉 250克

洋葱 50克

尖椒 20克

调料

盐、味精、鸡精、白糖、花椒油、辣椒油、葱、姜各适量

做法

①将兔肉洗净切片，洋葱择洗干净，尖椒洗净切块，备用。

②炒锅置于火上，倒入水烧开，下入兔肉氽熟，捞起冲凉，控净水分，备用。

③将兔肉倒入盛器内，调入盐、味精、鸡精、白糖、花椒油、辣椒油、葱、姜，腌渍2分钟。

④将洋葱、尖椒加入腌好的兔肉中，拌匀即成。

金蒜飘香兔

主料

兔腿、笋尖、蒜苗、水发木耳、黄豆芽各适量

调料

泡椒、蛋清、郫县豆瓣酱、蚝油、味精、姜、蒜、鸡粉、花椒、盐、花雕酒、生粉、葱姜水、花生油、汤各适量

做法

① 兔腿剁成块，加葱姜水腌制，用盐、味精、鸡粉、花雕酒、蛋清、生粉码味上浆，拉油。

② 豆芽、笋尖、蒜苗、木耳改刀，焯水后放盘中垫底。

③ 起油锅烧热，下泡椒、豆瓣酱、花椒、姜、蒜爆锅，放入兔块，加汤，放盐、蚝油、鸡粉调味，装盘即可。

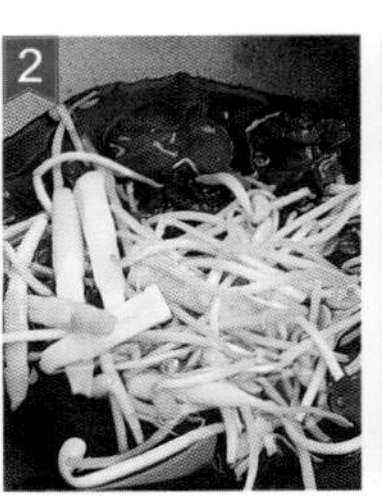

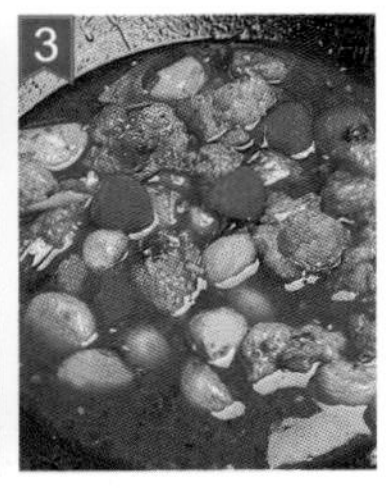

莲藕烧兔块

主料

兔肉400克，莲藕、葱段各适量，姜片10克

调料

冰糖适量，盐1小匙，老抽、水淀粉各1大匙，料酒少许

做法

① 兔肉斩成小块；莲藕切成小块。

② 将兔肉放在大碗中，加入料酒、部分葱段腌渍片刻，放入油锅中炸至色黄时，捞出沥油。

③ 锅留底油，放入葱段、姜片炸香，下兔肉翻炒，放入冰糖、老抽炒至兔肉上色，加适量水烧沸后，改用小火，加盖焖30分钟。

④ 再改大火，调入盐，加入藕块同烧15分钟后，用水淀粉勾芡，出锅装盘即可。

小炒兔肉

主料

鲜兔肉（带骨）500克，葱段适量

调料

A.陈皮丝、干辣椒各15克，花椒1克；B.白糖1小匙，盐、胡椒粉、料酒、糖色各适量，鲜汤50毫升；C.辣椒油、香油、花椒油各适量，味精1/2小匙；D.盐、料酒各少许

做法

① 将鲜兔肉洗净，剁块，加调料D、葱段，腌渍15分钟；干辣椒切圈。备好其他食材。

② 油锅烧热，放入兔肉块略炸，捞出；待油温稍高，再次放入兔肉块炸至酥脆。

③ 锅留底油，放入调料A炒香，下调料B烧沸，放入兔块烧至入味，烹入调料C即可。

第三章

禽肉嫩滑 百吃不厌

鸡肉嫩滑，
无论是炒、炸，还是煲汤，
都能做出诱人的菜肴。
从南到北，
用鸭肉为原料的菜式都很受欢迎，
烤鸭更是成了北京的招牌菜。

钵钵鸡

主料

鸡 1只

调料

油辣椒50克，熟芝麻20克，红油3大匙，盐2小匙，花椒粉1小匙，白砂糖1大匙，鸡精少许

做法

① 鸡处理干净，放入沸水中汆烫至熟，捞出，放凉。

② 将所有调料放在碗中搅拌均匀，制成调味汁。

③ 待鸡放凉后，去掉骨头，切成条状，码放在盘子中。

④ 将制好的调味汁均匀地淋在鸡肉上即可。

怪味鸡丝

主料

熟鸡肉350克，绿豆芽150克

调料

红椒、姜末、蒜末、花椒粉、白糖、醋、酱油、辣椒油、芝麻酱、味精各适量

做法

① 将熟鸡肉切成丝。绿豆芽洗净，掐去两头。

② 绿豆芽下开水锅焯水，捞出放入盘内垫底。

③ 豆芽上面放上鸡肉丝；红椒切成花瓣形，摆在盘边。

④ 花椒粉、白糖、醋、酱油、辣椒油、芝麻酱、味精盛碗中，加入姜末、蒜末调匀成味汁。

⑤ 调好的味汁淋浇在鸡丝上，食时拌匀即可。

口水鸡

主料

仔公鸡	400克
黑芝麻	5克
油酥花生仁	50克

调料

花生酱、辣椒油、花椒面、盐、味精、香油、冷鸡汤、小葱各适量

做法

① 小葱洗净，切成葱花；油酥花生仁用刀背砸成碎末，待用。

② 黑芝麻用筷子擀一下，放锅中炒香。

③ 仔公鸡治净，入沸水汤锅中煮至刚熟时捞起。

④ 将公鸡晾凉后斩成5厘米长、1厘米宽的条，装盘。

⑤ 用香油把花生酱搅散，加盐、味精、辣椒油、冷鸡汤、花椒面、黑芝麻、油酥花生仁拌匀，调成麻辣味汁。

⑥ 将麻辣味汁淋在鸡肉上，撒上葱花即成。

海蜇麻酱鸡丝

主料

熟鸡脯肉	200克
海蜇皮	75克
黄瓜	50克

调料

盐、味精、白糖、芝麻酱、香油、清汤各适量

做法

① 熟鸡脯肉片成片，再切成丝。

② 黄瓜洗净，剖成两半，去除瓜瓤，切成丝。

③ 黄瓜丝放入碗中，加少许盐拌匀。

④ 海蜇皮放入凉水中浸泡5小时左右，洗净，切成细丝，待用。

⑤ 海蜇丝放入80℃热水中浸泡片刻，待海蜇丝卷缩时立即捞出。

⑥ 海蜇丝再放入凉开水中浸泡至涨发，捞出沥干水。

⑦ 芝麻酱、清汤、盐、味精、白糖、香油调成味汁。

⑧ 海蜇丝、鸡丝、黄瓜丝一同装盘，淋上味汁即成。

滑炒鸡丝

主料

鸡胸肉	300克
杏鲍菇、青椒	各100克
鸡蛋清	50克

调料

葱、姜、蒜、湿淀粉、料酒、生抽、盐、白糖、鸡精、胡椒粉各适量

做法

① 鸡胸肉切丝，加鸡蛋清、盐、湿淀粉搅拌均匀。

② 杏鲍菇和青椒分别洗净，切丝。

③ 锅中加油烧热，先将鸡丝滑熟，再捞出控油。

④ 锅入油烧热，炒香葱、姜、蒜，再炒蘑菇丝和青椒丝，加料酒和生抽调味。

⑤ 略微翻炒后，将滑熟的鸡丝倒入锅中，加少量汤。

⑥ 锅内迅速加盐、糖、鸡精、胡椒粉，用湿淀粉勾薄芡，翻匀后出锅。

鸡冻

主料

净鸡 1只（约750克）

猪肉皮 适量

调料

盐1大匙，味精1/2小匙，葱段15克，姜块（拍松）10克，花椒粒2克，八角3克，白糖2大匙

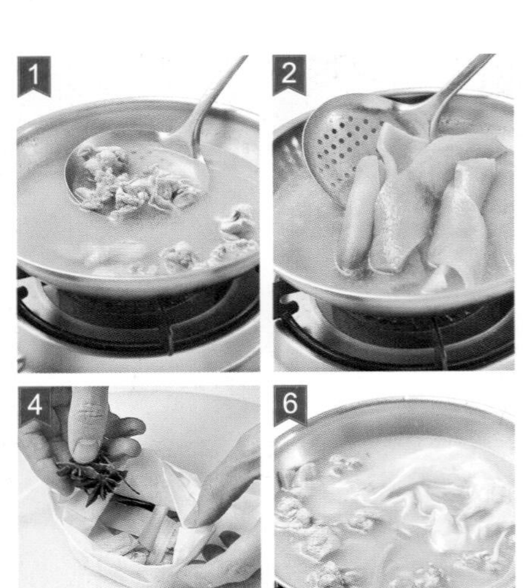

做法

① 净鸡剁成方块，下开水锅汆水，捞出。

② 猪肉皮刮洗干净，下开水锅汆水，捞出。

③ 将猪肉皮刮净肥膘肉，切成小长条。

④ 将所有调料装入纱布袋中，封好口。

⑤ 净鸡块、猪肉皮放入锅中，加清水，放入调料袋、白糖烧开。

⑥ 撇去浮沫，小火熬2个小时左右。

⑦ 倒入盆内晾凉，捞去猪肉皮（留做他用），凉透成冻即可。

白切鸡

主料

净肥嫩雏母鸡	1只

调料

葱	120克
姜	40克
植物油	120克
胡花椒	少许
盐	15克
味精	8克

做法

① 母鸡宰杀后洗净，下沸水锅内浸烫熟（不宜过熟，一般烫15分钟左右即可）。

② 捞出母鸡，切成块。

③ 将鸡块放入盘中拼成原鸡的形状，摆上鸡头、鸡翅。葱、姜切成细丝，将姜丝撒在盘中鸡块上。将热油浇淋在姜丝上，再撒上葱丝。

④ 锅中加入200克清水，在文火上烧开，加入胡椒粉、盐、味精熬成汁。

⑤ 将熬好的汁浇淋于鸡上即成。

酱爆鸡丁

做法

① 鸡脯肉改刀成丁，拌上盐、湿淀粉。姜汁、料酒、味精拌匀成味汁。

② 将鸡丁入油锅滑熟，捞出控油。

③ 锅内放混合油烧至五成熟，下鸡肉丁炒散。

④ 再加入葱丁、豆瓣酱、甜面酱合炒至断生，烹入味汁，待收汁后，起锅入盘即成。

主料

鸡脯肉	200克

调料

葱丁	20克
姜汁	10克
料酒	30克
甜面酱	30克
豆瓣酱	20克
盐	3克
湿淀粉	3克
味精	3克
混合油	50克

道口烧鸡

主料

净仔鸡1只，葱段、姜片各适量

调料

A.盐2小匙，白糖4小匙，鸡高汤1500毫升，老抽适量。B.桂皮、良姜、白芷各3克，豆蔻、大茴、陈皮各2.5克，砂仁2克，丁香0.5克

做法

① 将仔鸡洗净，去掉头部和翅尖。

② 将仔鸡放入热水中氽烫一下，捞出，在腹部将肋骨划开，用高粱秆撑起腹腔。

③ 将仔鸡身上刷白糖，炸至上色。

④ 另取净锅，倒入鸡高汤、葱段、姜片，放入调料B略煮，倒入老抽，用勺子拌匀，煮至沸腾。

⑤ 放入盐、炸好的仔鸡，大火烧沸，转小火焖煮至鸡肉熟烂即可。

家常焖鸡

主料

土鸡100克，黄豆芽、青笋块、芋头块、土豆块各适量，姜片、葱段、蒜片各少许

调料

A.大料、广姜、花椒粒、香叶、桂皮、干辣椒段各少许；B.白胡椒粉、盐、鸡精、高汤、辣椒粉、郫县豆瓣酱各适量

做法

① 将鸡肉块放入沸水锅中氽烫一下，撇去油渍，捞出，用凉水冲洗干净，沥干水分。

② 油锅烧热，放入调料A和蒜片、姜片、葱段爆香。

③ 放入鸡块，煸炒至略焦黄后加入高汤，煮沸，大火烧约30分钟。放入青笋块、芋头块、土豆块、黄豆芽，大火再次煮沸。

④ 倒入剩余调料，焖15分钟，待鸡块熟烂入味，出锅装盘即可食用。

宫保鸡丁

做法

① 鸡脯肉打十字花刀，再改成2厘米见方的丁，加盐、料酒腌制入味，用湿淀粉上浆。

② 将鸡丁入油锅滑熟，倒出控油。

③ 起油锅烧热，下干辣椒、葱、姜爆香。

④ 加鸡汤，放盐、味精、白糖、酱油、料酒调味，加鸡丁炒匀，勾芡，加炸花生米稍炒，装盘即可。

主料

鸡脯肉	500克
炸花生米	250克

调料

料酒、白糖、盐、味精、姜、干辣椒、葱、湿淀粉、花生油、酱油、鸡汤各适量

西芹鸡柳

主料

鸡胸肉	1块
西芹	2根
胡萝卜	1/2根
玉米淀粉	2茶匙

调料

细砂糖	1茶匙
生抽	1汤勺
陈醋	1茶匙
黑胡椒粉	1/2茶匙

做法

① 切好的鸡胸肉放入碗中，加入1大勺生抽。

② 加入1茶匙陈醋。

③ 再加入1茶匙细砂糖。

④ 根据自己的口味加入少许黑胡椒粉。

⑤ 最后加入1茶匙淀粉。

⑥ 所有材料用手抓匀，腌制半小时左右。

⑦ 锅烧热，放少许植物油，油热后放入腌制好的鸡胸肉。

⑧ 用锅铲迅速滑散，翻炒至鸡肉变色，放入西芹和胡萝卜，继续翻炒1分钟左右即可。

果味鸡丁

做法

① 鸡胸肉洗净，切成丁，放入碗中，加松肉粉、料酒、姜片、葱段，腌渍15分钟，用1小匙水淀粉和匀。

② 菠萝洗净，切成小丁；苹果洗净，切成约1.2厘米宽的丁；草莓去蒂，对半切开。

③ 盐、白砂糖、鲜汤、剩余水淀粉放入调料碗中，调匀成味汁。

④ 油锅烧至四成热，放入鸡丁滑散至熟，倒入菠萝丁、苹果丁、草莓块翻炒均匀，烹入味汁，收汁亮油，起锅装入盘中即可。

主料

主料	用量
鸡胸肉	200克
菠萝	1/4个
苹果	半个
草莓	2个
姜片	适量
葱段	少许

调料

调料	用量
盐1/2	小匙
白砂糖	1小匙
料酒	1大匙
水淀粉	2小匙
松肉粉	少许
鲜汤	50毫升

提子糖醋鸡丁

主料

提子	100克
鸡脯肉	300克
广柑	1个
泡椒段	适量
葱白	少许

调料

姜葱汁	2小匙
白砂糖	1小匙
香油	1/2小匙
盐	1/2小匙
白醋	1大匙
水淀粉	2大匙
胡椒粉	少许
高汤	50毫升
味精	适量

做法

① 提子洗净，对剖.

② 广柑洗净，切小半圆片。

③ 鸡肉切成丁，拌上盐、姜葱汁、少许水淀粉，腌渍片刻。

④ 将白砂糖、白醋、胡椒粉、味精、剩余水淀粉、高汤调成味汁。

⑤ 油锅烧至五成热，下鸡丁炒散，加入葱白、提子合炒至断生。

⑥ 烹入味汁，收汁后，再放泡椒段、香油炒匀，装盘即可。

剁椒滑蒸鸡

主料

嫩仔鸡	600克
泡红辣椒	100克
嫩豌豆	100克

调料

生粉60克，豆瓣辣酱30克，姜米8克，胡椒粉3克，小葱花15克，冰糖末15克，花椒10粒，酱油10克，香菜30克，料酒20克，香油6克，菜油120克，盐少量，嫩肉粉适量

做法

① 将仔鸡剁成小块，加盐、嫩肉粉、料酒码味10分钟。香菜择洗净。嫩豌豆入水焯一下捞出。

② 泡辣椒剁细，入锅炒至油红味香，出锅稍晾。

③ 将泡椒放在鸡块上，下酱油、冰糖末、豆瓣辣酱、姜米、胡椒粉、花椒粒拌匀，腌渍入味。

④ 鸡块入笼前放入嫩豌豆、生粉及少许菜油，拌匀后移入蒸碗内，上笼蒸约25分钟，取出。将蒸碗内鸡肉翻扣于盘内，用香菜镶边，撒小葱花，起锅下香油烧热，淋于葱花上爆香即可。

啤酒鸡块

主料

童子鸡　1只

调料

葱段、姜片、陈皮、啤酒、盐、鸡精、白糖、水淀粉、花生油各适量

做法

① 鸡宰杀洗净，剁成块，下开水锅汆水后捞出，沥干水分。
② 炒锅放油烧热，下葱段、姜片炒香，放入鸡块翻炒均匀。
③ 加入陈皮、啤酒、盐、鸡精、白糖，翻炒至鸡块变色。
④ 再加入少量清水，煮沸后用小火焖15分钟至汁浓。
⑤ 用水淀粉勾芡，翻炒均匀，出锅即成。

鸡肉明笋

主料

明笋干200克，鸡肉500克，五花肉100克，葱2根，姜片少许

调料

盐 2小匙

做法

① 将明笋干用凉水浸泡一周，洗净后，捞出切片，再用温水泡发3天后，捞出沥干水分，切成丝，备用；五花肉洗净，切大片；鸡肉洗净，切小块；葱洗净，切段。

② 将五花肉片、鸡肉块一同放入锅中，加足量水、姜片、盐，大火炖出一锅鸡汤备用。

③ 葱段、姜片炒出香味，加笋丝翻炒片刻。

④ 将明笋炒好后加入鸡汤、盐炖煮，煮沸后转中小火继续煮，连炖3个小时后即可食用。

重庆辣子鸡

主料

带骨鸡肉400克，葱片、姜片、蒜片各20克

调料

花椒适量，干辣椒60克，料酒1大匙，老抽、胡椒粉、白糖各2小匙，盐、味精各少许

做法

① 将鸡肉冲洗干净，切块，用少许料酒、盐腌渍10分钟。备好其他食材。

② 油锅烧热，放入鸡块炸熟，捞出沥油，备用。

③ 锅底留油，放入干辣椒段、花椒炒香，再把剩余材料和调料放入锅中，炒匀即可。

腐乳鸡

主料

鸡胸肉350克，胡萝卜70克，洋葱50克

调料

红糟腐乳酱3大匙

做法

① 将鸡胸肉洗净，切块；胡萝卜洗净，去皮切块；洋葱剥皮后切片，备用。

② 将鸡胸肉块、胡萝卜块和洋葱片一起放入容器中，再淋上红糟腐乳酱，搅拌均匀。

③ 蒸锅中加水煮沸后，将盛有鸡肉块的容器放在蒸架上，盖上锅盖以大火蒸约10分钟，趁热享用即可。

柠香鸡片

主料

鸡胸肉300克，柠檬1个，熟白芝麻少许

调料

生抽、料酒各1大匙，淀粉适量，白糖、盐、黑胡椒粉各少许

做法

① 将鸡胸肉洗净，切片，加料酒、生抽、部分淀粉抓匀，腌渍片刻。备好其他食材。

② 将半个柠檬切成片，另半个挤出柠檬汁，备用。

③ 油锅烧热，放入鸡胸肉片，稍加煎制，待鸡肉片发白后盛出沥油，备用。

④ 锅留底油，烧热，加入白糖、盐、黑胡椒粉、柠檬汁、剩余淀粉和适量水，大火煮沸后，关火，制成酱汁。

⑤ 将酱汁浇在鸡片上，摆上柠檬片，撒上热白芝麻即可。

板栗烧鸡

主料

鸡	半只（约500克）
板栗	350克

调料

生姜	10克
白糖	3小匙
生抽	1大匙
料酒	1大匙
蚝油	1.5大匙
大蒜	5瓣
大葱	20克

做法

① 所有原料洗净。板栗去皮，大个的板栗要对半切开。鸡斩成小块，大葱切段，生姜切片。

② 锅内放入油，烧至三成热时放入葱、姜、蒜炒出香味，加入鸡块，用小火煸炒出油。

③ 待鸡表面变得有些微黄时加入板栗，翻炒匀。

④ 加入料酒、生抽、蚝油、白糖，用小火翻炒均匀。

⑤ 加入热开水，水量要没过鸡块。

⑥ 盖上锅盖，大火烧开，转小火焖25分钟至汤汁浓稠即可。

贴心提示

- 最后收汁的时候不要收得太干，留一些汤汁裹在板栗上才好吃。这道菜不需要勾芡，因为蚝油本身就含有部分淀粉。
- 做这道菜所选用板栗不要太大，大的不容易入味。如果只能买到大个的，要切成两半后再下锅。板栗要煮至入味、软糯，水量一定要加够，焖煮20~25分钟。

荠菜鸡丸

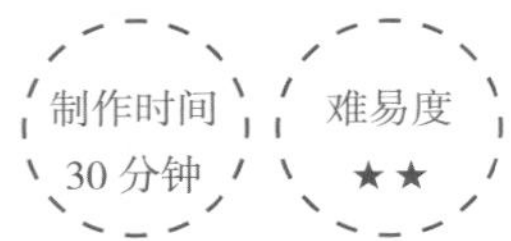

做法

① 鸡肉剁成泥。荠菜洗净切末，加鸡肉泥、葱姜水、盐搅匀成馅。

② 将鸡蓉馅挤成大小均匀的丸子，用热水汆至熟透，盛入盅内。

③ 高汤烧开，加美极上汤、盐、白糖调味，淋香油，浇在盅内即可。

主料

鸡脯肉、荠菜　　各适量

调料

盐、白糖、葱姜水、美极上汤、香油、高汤各适量

葱香手撕鸡

主料

三黄鸡	半只（约500克）
芹菜	4根
香葱	5根
洋葱	半个
新鲜红椒	1个

调料

生姜	3片
大蒜	4瓣
花椒	10颗
盐	1/4小匙
料酒	1大匙
生抽	1.5大匙
鸡精	1/4小匙
白糖	1/4小匙
老抽、香油	1小匙

做法

① 所有原料洗净。深锅里放入凉水、料酒、花椒、生姜和三黄鸡，加锅盖，大火煮制，水开后熄火，不揭盖焖20分钟。

② 芹菜、香葱切段，洋葱切丝，红椒切丝，大蒜切片。

③ 用筷子扎一下鸡大腿，可以轻松插入表示已熟透，将鸡取出冲凉水，再用手撕成条。

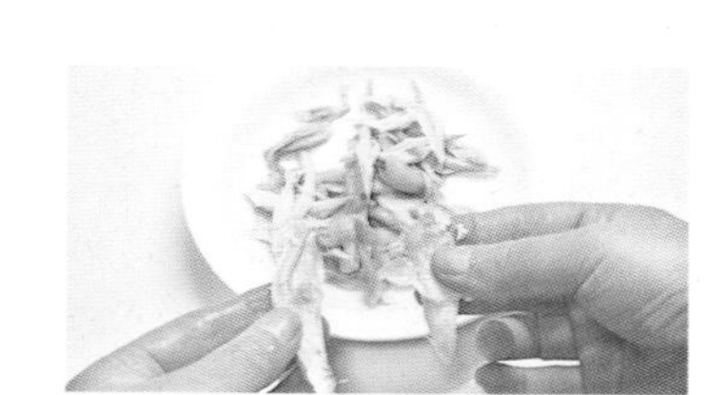

④ 炒锅放入油，放入蒜片、姜片炒出香味，放入鸡丝煸炒1分钟，加入盐、鸡精、白糖、生抽、老抽、料酒翻炒。

⑤ 加入洋葱、红椒炒至变软，下香葱段、芹菜段，淋少许香油即可。

贴心提示

· 煮鸡的时间不宜过长，煮开后熄火，利用余温将鸡焖熟，可以使鸡肉保持鲜嫩口感。

· 芹菜和香葱都是易熟的蔬菜，所以要在最后才加入，以保持清脆的口感和翠绿的色泽。

黑椒鸡块

主料

嫩仔鸡	半只（约500克）
洋葱	1个
新鲜青红椒	各1个

调料

白糖	2小匙
植物油	少许
蚝油	1.5大匙
番茄沙司	2小匙
生姜	3片
大蒜	5瓣
粗粒黑胡椒粉	2小匙
香油	1小匙
生抽	1大匙

腌料

盐	1/4小匙
鸡蛋清	1/4个
玉米淀粉	2小匙
料酒	2小匙

做法

① 所有原料洗净。仔鸡斩成小块，用腌料抓匀，腌制15分钟。

② 青红椒去籽，切成菱形块。洋葱切块，姜、蒜切碎。

③ 炒锅烧热，加少许油，放入鸡块，小火煸炒出油脂。

④ 将鸡块拨开，放入姜、蒜炒出香味，全部盛出备用。

⑤ 锅内热1小匙油，放入洋葱、青红椒块炒香。

⑥ 加入炒好的鸡块，调入蚝油、生抽、番茄沙司、白糖、黑胡椒粉。

⑦ 中火翻炒2分钟，使鸡块充分吸收酱汁，临出锅前淋入少许香油即可。

草菇蒸鸡

主料

仔鸡 （连骨约300克）	1/2只
草菇	160克

调料A

盐	1/2小匙
白糖	2小匙
料酒	1大匙
鸡精	1/4小匙
香油	1/2大匙
植物油	1/2大匙
玉米淀粉	2小匙
白胡椒粉	1/4小匙
生抽、蚝油	各1大匙

调料B

蚝油	1大匙
小葱	2根
生姜	2片

做法

① 仔鸡切成2.5厘米见方的块，洗净后沥净水分。

② 用牙刷将草菇表面的污垢刷洗干净。

③ 草菇一切两半，生姜切丝，小葱切小段。

④ 调料A中除油外所有调料放入碗中，加入姜、葱、鸡块抓拌均匀，腌制10分钟。

⑤ 再淋上香油拌匀。

⑥ 锅内烧开水，放入草菇煮至水开，捞起沥干。

⑦ 将草菇加蚝油拌匀，摆放在深盘内。

⑧ 将鸡块摆放在草菇上面。蒸锅内烧开水，摆入深盘，旺火蒸10分钟即可。

脆藕炒鸡米

主料

新鲜鸡腿	2只
黄瓜	1/5条
水发香菇	4朵
小胡萝卜	1/4根
新鲜莲藕	半小节

调料

生姜	1片
生抽	2小匙
白糖	1/2小匙

腌料

生抽	2小匙
白糖	1/2小匙
植物油	1/2大匙
玉米淀粉	2小匙
盐、味精	各1/8小匙

做法

① 将新鲜鸡腿去骨，剁成小颗粒状。干香菇用温水浸泡20分钟至变软。

② 将莲藕、胡萝卜、黄瓜、香菇切小丁。生姜切成姜蓉。

③ 将腌料放入碗中，加入姜蓉、鸡粒调匀，静置腌制30分钟。

④ 炒锅烧热，放入鸡粒慢慢煎香，待鸡粒开始缩小时由底部铲起，油脂煎出盛出，油留用。

⑤ 锅内放入香菇丁、莲藕丁翻炒约2分钟，最后加胡萝卜丁、黄瓜丁，调入生抽、白糖，大火翻炒几下即可出锅。

贴心提示

· 给鸡腿去骨最好用厨房剪刀，这样既方便又不容易伤到手。

顺德钢盘蒸鸡

主料

嫩仔鸡	1/2只
干葱	5个
榨菜	50克
干红枣	4颗
水发香菇	3朵

调料A

白糖	2小匙
玉米淀粉	2小匙
白胡椒粉	1/4小匙
生抽	1大匙
料酒	1大匙
盐、鸡精	各1/4小匙

调料B

香油	1/2大匙
植物油	1/2大匙
小葱	2根
生姜	2片

做法

① 将光鸡斩成2.5厘米见方的块，洗净后沥净水分。香菇、红枣提前用冷水泡发半天。

② 干葱切成小瓣，生姜、榨菜、香菇切成丝，红枣去核、切片，小葱切小段。

③ 将榨菜丝用清水浸泡10分钟，再冲洗几次以去盐分。

④ 调料A放入浅盘中，加入鸡块抓拌均匀，腌制10分钟。

⑤ 放入干葱、红枣、榨菜丝、姜丝、香油拌匀。

⑥ 装鸡块的浅盘放入烧开的蒸锅中，旺火蒸10分钟后出锅，表面撒上香葱段，再蒸5秒即可。

贴心提示

· 鸡要切成小块，蒸的时候不要重叠，要均匀平铺。食用前要把蒸好的食材再拌一下，把底下的汤汁带上来才更好吃。

特制咖喱鸡

主料

鸡腿肉400克，山药块200克，胡萝卜块100克，洋葱50克，姜末、蒜末各适量，香菜叶少许

调料

蚝油2大匙，黄油2小匙，黑糖1小匙，咖喱块2块，凉盐水、料酒、盐、生抽、白糖各适量

做法

① 凉盐水烧沸，焯烫山药块与胡萝卜块。

② 黄油入锅烧热，加蒜末、姜末、洋葱块炒香，加入山药块、胡萝卜块、鸡腿肉块，调入黑糖、蚝油调味。

③ 加水煮沸，转小火加盖，将胡萝卜块、山药块煮至熟，再加咖喱块拌匀，慢煮15分钟后，装盘后撒上香菜叶即可。

香菇烧鸡腿

主料

肉鸡腿500克，水发香菇适量，葱、姜各少许

调料

清汤适量，老抽2小匙，白糖、料酒各1小匙，盐1/2小匙，大料2个，味精少许

做法

① 将鸡腿洗净，剁成块；姜切片；葱切丝；香菇洗净。备好其他食材。

② 将鸡腿块放入沸水锅中煮熟。

③ 油锅烧热，加入姜片、葱丝炒香，烹入料酒、老抽、香菇、白糖炒香，加盐和适量清汤烧开。

④ 放入鸡腿块、大料，小火烧透，收浓汤汁，烹入味精炒匀，出锅即可。

茄香鸡腿

主料

鸡腿250克，洋葱30克，蒜8克

调料

番茄酱、老抽各2大匙，白糖、料酒各2小匙，盐少许

做法

① 将鸡腿洗净；洋葱洗净，切丁；蒜去皮，切末。

② 将老抽均匀地涂抹在鸡腿表面，腌渍上色。

③ 油锅烧热，放入鸡腿，炸至颜色变为棕红色时，捞出，沥油。

④ 锅留底油，爆香洋葱丁、蒜末，放入剩余调料和适量清水，煮沸，放入鸡腿，慢烧入味，收浓汤汁即可。

小鸡炖蘑菇

主料

小鸡500克，干蘑菇100克，粉条50克，榛子10克

调料

姜片、葱段、蒜片各10克，八角8个，盐5克，味精、鸡精各2克，料酒6克，酱油3克

做法

① 将小鸡宰杀，去净毛、内脏，洗净切块。

② 将鸡块汆水，去净血污，备用。

③ 干蘑菇用温水泡发，洗净，撕成条。

④ 粉条泡发至软。八角、榛子洗净，备用。

⑤ 起油锅烧热，爆香葱段、姜片、蒜片、八角，加入鲜汤煮沸，下鸡块、蘑菇、榛子、料酒、酱油。

⑥ 加盖焖煮30分钟，至鸡块熟烂后下粉条，调入盐、味精、鸡精，煮至入味即可。

清炖鸡

做法

① 将青菜心、葱、姜分别洗净，葱姜切片。小公鸡去净毛，洗净，沥干。

② 小公鸡从背部片开，去除内脏，冲洗干净。

③ 砂锅内加上汤、葱片、姜片、花椒、小公鸡，慢火烧开。

④ 炖至鸡熟烂时拣出葱、姜、花椒，放入青菜心稍煮，加盐、味精、白糖、料酒、胡椒粉调味即可。

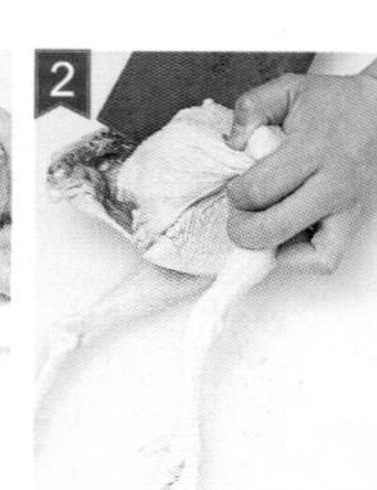

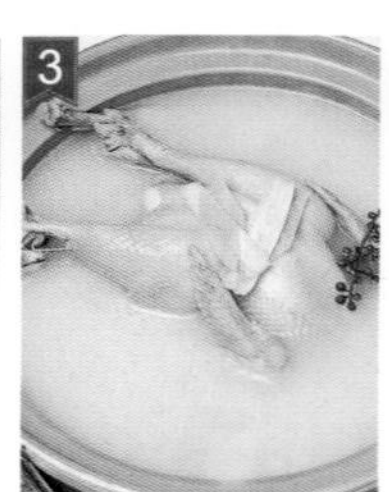

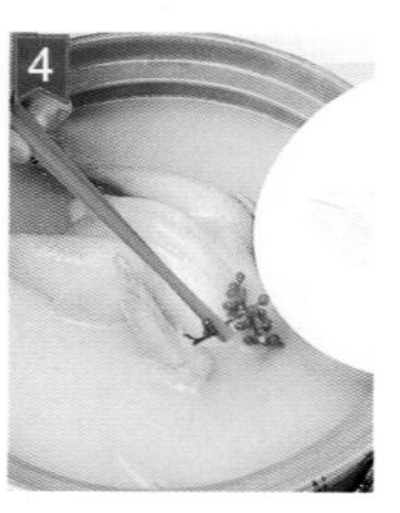

主料

小公鸡	1只
青菜心	4棵

调料

葱、姜、盐、味精、白糖、料酒、胡椒粉、花椒、上汤各适量

香菇炖鸡

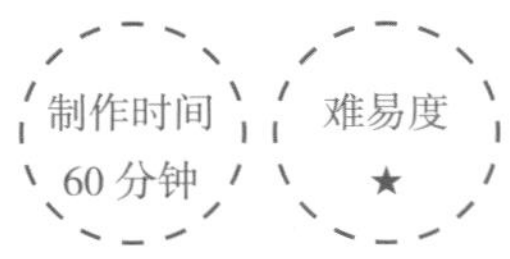

主料

净小公鸡	1只（约800克）
水发香菇	100克
五香萝卜干	100克

调料

葱花、姜片、盐、胡椒粉、花生油、料酒、清汤、味精各适量

做法

① 香菇切成片。小公鸡斩成块，洗净。

② 萝卜干用温水浸泡，切小块。

③ 炒锅放油烧热，下葱花、姜片和鸡块煸炒。

④ 加萝卜干、香菇、盐和汤，炖至鸡肉熟透、汤汁浓厚时撒胡椒粉、味精，出锅即可。

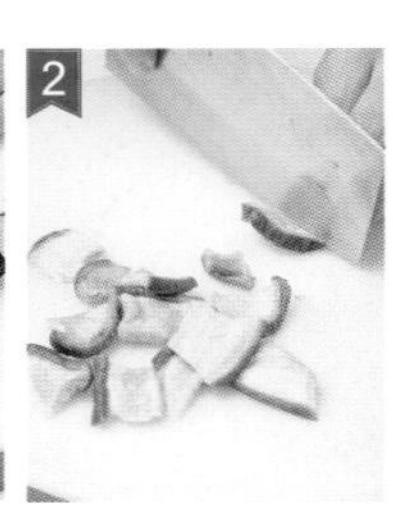

鸡蓉蘑菇汤

主料

鸡胸肉（或去骨鸡腿肉）	250克
平菇	10颗
白洋葱	半颗

调料

盐	1小匙
面粉	50克
植物油	适量
鸡精	1/2小匙
全脂奶粉	25克
白砂糖	1/2大匙
白胡椒粉	1/2小匙
奶油（或黄油）	40克

做法

① 鸡肉切小块，用搅拌机搅拌成泥状，盛入碗中。

② 洋葱切碎，平菇切厚片。奶粉加开水冲泡成400毫升的牛奶，备用。

③ 炒锅烧热，熄火后放入奶油，利用锅的余温炒至融化。

④ 加入面粉，开小火炒至成黄色。

⑤ 熄火，加入半碗牛奶，一边加一边搅拌。

⑥ 开小火，一直煮至像奶昔一样浓稠，成奶油白酱，盛出备用。

⑦ 炒锅放少许植物油烧热，放入洋葱碎，用小火炒香。

⑧ 加入清水，大火煮开。

⑨ 将煮开的汤倒2碗入鸡肉碗内，趁热搅开。

⑩ 搅匀后倒入炒洋葱碎的汤中，大火煮开。

⑪ 倒入剩下的牛奶，加盐、胡椒粉、白糖、鸡精。

⑫ 转小火，加入事先煮好的奶油白酱，一边煮一边搅拌。

⑬ 煮至汤变得浓稠即可。

贴心提示

· 做浓汤原本是要用鲜奶油，这里使用全脂奶粉，既容易购买、保存，又没有使用鲜奶造成的奶味不足的缺点。

豆豉香煎鸡翅

主料

鸡翅中	5个
青椒	1个
香芹	2根
干红辣椒	3个
蒜子	8个

调料

辣豆豉	2茶匙
蚝油	2茶匙

做法

① 平底锅烧七成热放入鸡翅，使鸡皮面朝下。

② 待鸡翅变成焦黄色后再翻面，并放入蒜子同煎至金黄。

③ 香芹择好洗净，切成寸段。

④ 青椒去籽切块。

⑤ 炒锅烧热后入少许色拉油，放入青椒煸炒，铲出备用。

⑥ 炒锅内重新加入10克色拉油，放入蒜子煸香。

⑦ 煸香的蒜油内加入辣豆豉、蚝油调匀。

⑧ 放入干红辣椒炒匀后加入清水，待汤汁烧开后加入鸡翅，烧至汤汁浓稠时加入青椒、香芹翻炒均匀即可。

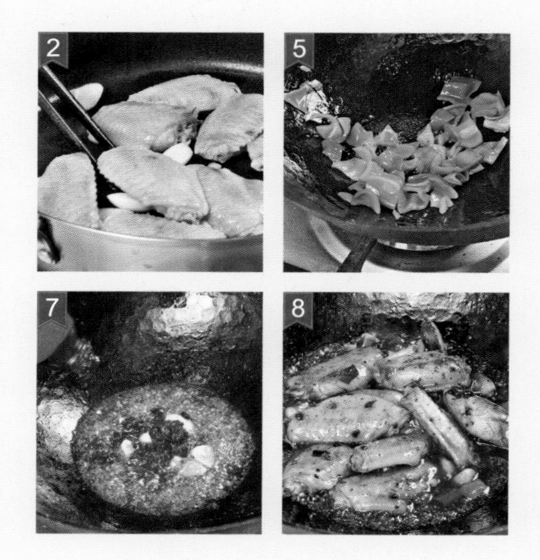

贴心提示

· 煎制鸡翅时无需放油，让鸡翅内油脂通过加温慢慢释放出来，用自身油脂将鸡翅煎熟。

酱香鸡翅

主料

莴笋100克，鸡翅中350克，红尖椒75克，姜片、葱段各适量

调料

盐、料酒各1小匙，豆瓣酱、番茄酱各1大匙，生抽、白糖、鸡精、高汤、水淀粉、香油各适量

做法

① 将鸡翅中上面划几道口，放入盐、少许料酒和生抽腌渍；莴笋去皮，切成长滚刀块；红尖椒去蒂及籽，切成条。

② 油锅烧至四成热，倒入鸡翅中炒至变色，烹入料酒，放入姜片、葱段、莴笋块、红尖椒条，翻炒均匀。

③ 加入调好的芡汁翻炒，最后用水淀粉勾芡，大火收汁，出锅前淋入香油即可。

红酒烧鸡翅

主料

鸡翅8个，栗子8个，薄荷叶少许

调料

红酒1大杯，盐1小匙，冰糖适量

做法

① 将鸡翅洗净，擦干表面的水；栗子洗净，放入锅中煮熟，取出，去皮，备用。

② 在鸡翅表面略划几刀，放入适量红酒腌渍，备用。

③ 油锅烧热，将鸡翅略煎，倒入红酒，淹没鸡翅，放冰糖，慢煮至冰糖化开，加入栗子和盐。

④ 大火烧开，转中小火焖煮，烧至汤汁浓稠时转大火收汁，出锅装盘，点缀上薄荷叶即可。

蜜汁烤翅

主料

鸡翅中10个，熟白芝麻适量，薄荷叶少许

调料

蜜汁烤肉酱、料酒各5大匙，老抽2小匙，盐少许

做法

① 将鸡翅中清洗干净，用牙签在表面扎一些小孔，放入料酒、老抽、盐腌渍2小时。

② 在腌制好的鸡翅中表面刷一层植物油和蜜汁烤肉酱。

③ 将烤箱预热至200℃，将处理好的翅中放入烤盘，烤20分钟后取出。

④ 在烤好的鸡翅中上撒上一层熟白芝麻，出锅盛入盘中，点缀薄荷叶即可。

贵妃鸡翅

主料

鸡翅20只，胡萝卜80克

调料

盐6克，冰糖30克，料酒30克，花椒10粒，姜片10克，葱1根，酱油20克，味精1克，湿淀粉15克，清汤100克，菜油150克

做法

① 鸡翅放入开水中氽8分钟。胡萝卜切片。

② 锅置火上，下菜油烧至六成热，下鸡翅煸炒一会儿。将冰糖炒成糖汁，备用。

③ 炒锅洗净，依次放入姜片、葱（挽结）、鸡翅、酱油、料酒、冰糖汁、花椒、盐、清汤、胡萝卜，用大火烧开，改用小火烧。

④ 将烧好的鸡翅捞出，烧鸡汁的汤加味精，用湿淀粉勾芡，淋在鸡翅上即可。

飘香鸡翅

主料

鸡翅、干辣椒、熟芝麻各适量

调料

炼乳、盐、鸡粉、白糖、料酒、酱油、花椒、淀粉、花生油、葱、姜各适量

做法

① 鸡翅洗净，沥干待用。

② 鸡翅加炼乳、盐、鸡粉、白糖、料酒、酱油腌制入味，拍淀粉待用。

③ 将处理好的鸡翅入五六成热油中炸至金黄色，捞出控净油。

④ 起油锅烧热，下葱、姜、花椒爆香，加干辣椒、鸡翅炒匀装盘，撒熟芝麻即可。

木瓜鸡翅煲

主料

土鸡鸡翅250克，木瓜150克，银耳适量，姜片少许

调料

盐1/2小匙，醪糟适量

做法

① 土鸡鸡翅去细毛后洗净，切块；银耳泡软后洗净，备用；木瓜去皮后洗净，切块。

② 将鸡翅块放入沸水锅中汆烫去血水后捞出，过凉，沥干水。

③ 净锅置火上，放入银耳、木瓜块、姜片、土鸡鸡翅块、醪糟和适量清水，大火煮沸，盖上锅盖，转中小火煲1小时，最后加盐调味即可。

山椒鸡胗拌毛豆

主料

鸡胗	100克
毛豆	100克
泡山椒段	50克
红椒	50克

调料

盐、味精	各3克
香油、料酒	各10克

做法

① 鸡胗洗净，切片。

② 毛豆去皮，洗净。红椒洗净，切菱形片。

③ 上述处理好的原料均汆水，沥干，装盘。

④ 盘中加入泡山椒、盐、味精、香油、料酒拌匀即可。

红油鸡胗

做法

① 将鸡胗洗净，用清水泡制5小时，备用。

② 炒锅置火上，倒入水烧开，下入鸡胗煮熟。

③ 将鸡胗捞起切片，装入盘内，待用。

④ 取一小碗，入红油、酱油、味精、香醋、白糖、香油，调匀成味汁。

⑤ 将味汁均匀地浇在盘内鸡胗上，食用时拌匀即成。

主料

鸡胗　400克

调料

味精、酱油、红油、香油、香醋、白糖各适量

卤水鸡胗

主料

鸡胗 300克

调料

盐、味精 各3克

香油、料酒 各10克

做法

① 将处理好的鸡胗放入沸水锅中略煮，捞出。

② 将卤水烧开，放入鸡胗大火加热，水再次烧开后熄灭，浸泡20分钟，捞出晾至凉透。

③ 食用时将鸡胗横切成片，淋少许味汁即可。

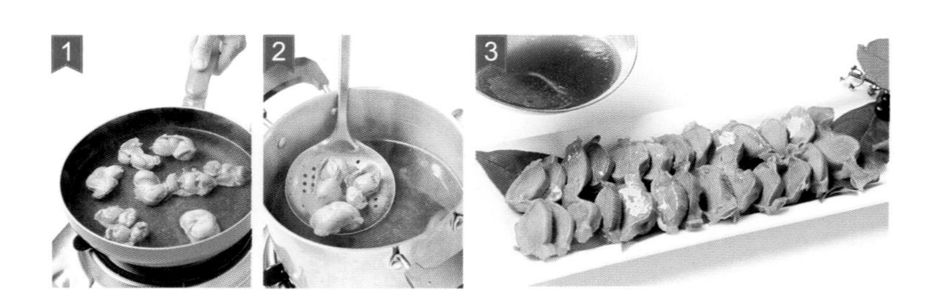

椒香鸡胗

主料

鸡翅胗400克，青椒、红椒各40克

调料

盐、味精各少许，老抽1大匙，料酒2小匙

做法

① 鸡胗洗净；青椒、红椒分别洗净，切片，备用。

② 将鸡胗切十字花刀。油锅烧热，将鸡胗放入油锅中翻炒至变色，断生后淋入料酒，再下入青椒片、红椒片同炒。

③ 最后淋入老抽，炒至将熟时，加入盐、味精调味，出锅装盘即可。

孜香鸡胗

主料

鸡胗300克，葱、蒜各适量，香菜叶少许

调料

盐1小匙，鸡精1/2小匙，料酒2大匙，老抽1大匙

做法

① 将鸡胗清洗干净后，切成薄片；葱洗净后切小段；蒜去皮后，切片。

② 将鸡胗片放入加了料酒的沸水中，待变色后捞出，控水。

③ 油锅烧热，转大火，加入葱段、蒜片爆出香味，放入鸡胗片，翻炒数下，然后调入孜然粒、辣椒粉调味，快速翻炒均匀。

④ 再加老抽上色，加白糖、盐、鸡精调味，翻炒几下，出锅装盘即可。

开胃鸡胗

主料

鸡胗	10个
莴笋	200克

调料

大蒜	5瓣
生姜	20克
大葱	20克
生抽	1大匙
老抽	1小匙
料酒	1大匙
色拉油	适量
香油	1/2小匙
鸡精	1/4小匙
四川红泡椒	4个
红油豆瓣酱	1/2大匙

做法

① 鸡胗切薄片。莴笋去皮，切成火柴棍粗细的丝。红泡椒斜切段，生姜切丝，大蒜拍碎。

② 将切好的鸡胗片加料酒拌匀。

③ 炒锅放油烧热，加入鸡胗大火爆炒。

④ 加入生抽、老抽，炒至鸡胗变色，盛出备用。

⑤ 净锅置火上，加入少许油烧热，放入葱、姜、蒜、红泡椒炒出香味。

⑥ 加入红油豆瓣酱炒至出红油。

⑦ 加入莴笋丝，大火炒至断生。

⑧ 最后加入炒好的鸡胗，调入鸡精，淋少许香油即可出锅。

酱凤爪

主料

鸡爪 300克

调料

葱、姜、大料、桂皮、酱油、料酒、味精、干辣椒各适量

鸡爪的预处理

做法

① 鸡爪用清水冲洗干净。

② 用小刀将鸡爪掌心的小块黄色茧疤去掉。

③ 将鸡爪上残留的黄色外衣褪去。

④ 加入味精、鸡爪，煮开后熄火，浸泡25分钟。

⑤ 再将鸡爪洗净即可。

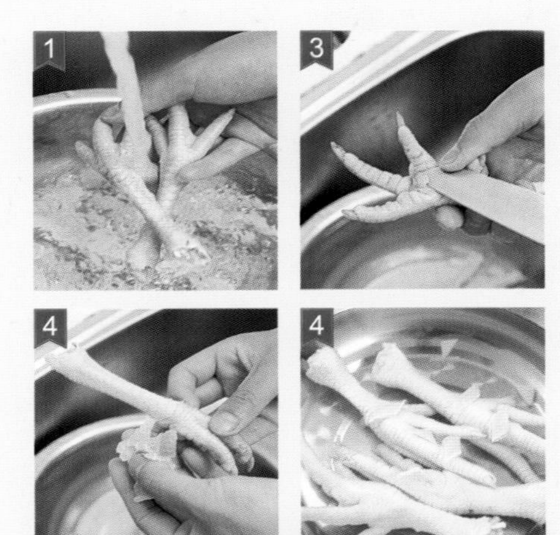

菜式烹饪

① 鸡爪洗净，切去爪尖，放入开水中略煮。

② 将鸡爪捞出，冲水过凉。

③ 锅内加水，放入酱油、料酒、大料、桂皮、葱、姜、干辣椒煮15分钟。

④ 加入味精、鸡爪，煮开后熄火，浸泡25分钟。

⑤ 将鸡爪捞出，用原汤浸泡，食用时取出斩件即可。

贴心提示

· 卷心菜富含维生素和磷、钙等营养素，粗纤维的含量也较高。卷心菜富含维生素和磷、钙等营养素，粗纤维的含量也较高。

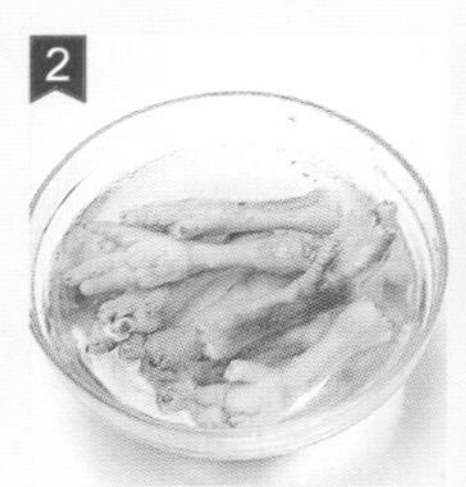

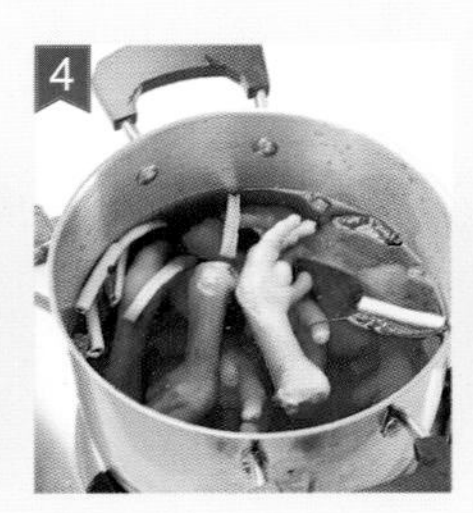

泡椒凤爪

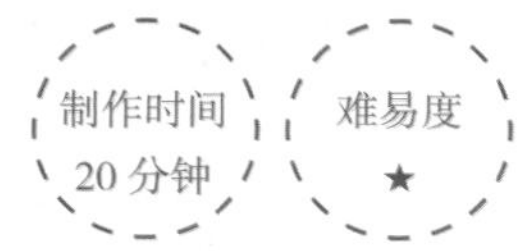

做法

① 姜切成片，葱切成段。凤爪洗净，斩去爪尖，待用。

② 锅置火上，倒入高汤、盐、味精、料酒、白醋、野山椒、姜片、葱段、干辣椒。

③ 锅内再放入凤爪，小火将凤爪烧熟。

④ 将凤爪泡在料汤中，入味后捞出晾凉，装盘即成。

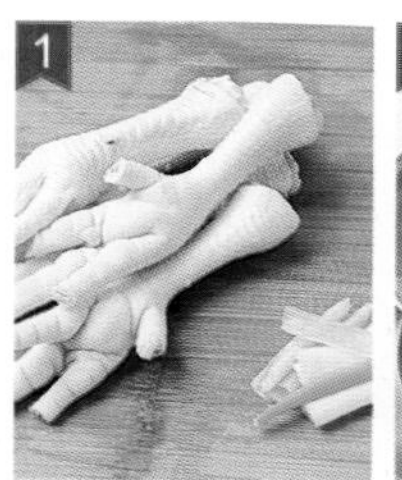

主料

凤爪	500克

调料

野山椒	1瓶
干辣椒	40克
白醋	50克
盐、味精	各8克
姜	45克
料酒、葱、高汤	各适量

风味凤爪

主料

鸡爪500克，葱、姜各5克

调料

香油、红油各1小匙，盐半小匙，黄酒2小匙，味精、白胡椒粉、桂皮、茴香各少许，清汤500毫升

做法

① 将鸡爪洗净；葱洗净，切段；姜洗净，切片。
② 将鸡爪剪去趾甲，放入凉水锅中，大火煮沸，煮5分钟捞起，再洗净，沥干水分。
③ 油锅烧热，放入鸡爪，炸至金黄色、皮起皱时捞出，投入凉水中泡至皮发皱。
④ 锅底留油，烧热，下葱段、姜片煸香。
⑤ 倒入除香油外的调料，煮沸，倒入鸡爪。
⑥ 将鸡爪炖煮至熟烂，上笼蒸酥，淋入香油即可。

鸭丝拌韭菜

主料

烤鸭肉150克，韭菜200克，绿豆芽50克

调料

盐、酱油、味精、白糖、香油各适量

做法

① 将韭菜洗净，切成段。烤鸭肉切丝。
② 绿豆芽掐去两头，洗净备用。
③ 治净的绿豆芽下开水锅焯水，捞出放入盘内垫底。
④ 盐、酱油、白糖、味精、香油放入碗中调匀，制成味汁。将韭菜段放在盘底，绿豆芽放在韭菜上，鸭肉丝堆放在豆芽上，浇上味汁拌匀即成。

盐水鸭

主料

鸭子 半只

调料

盐 100克

花椒、姜、八角、桂皮、料酒、葱各少许

做法

① 锅置火上，把盐、花椒放入锅里，用小火翻炒。

② 待闻到花椒出香味、盐的颜色变成浅黄色时关火，趁热抹擦鸭子全身。

③ 取一容器或食品袋，把鸭子和多余的椒盐一并放入，放在冰箱冷藏室24～48小时。锅中加水烧开，把鸭子冲洗后放入锅中（水以刚刚淹没鸭子为准），放葱结、姜块、八角、桂皮，开锅时倒入一些料酒。

④ 大火烧沸10分钟，转小火再煮30分钟，待筷子能从肉厚处插透后关火。

⑤ 鸭子捞出晾凉（或放入冰箱内冷却一下），切成块，装盘，再浇上一勺原汁鸭汤即可。

桂花鸭

主料

鲜鸭　1只（约重1800克）

调料

桂花酱、盐、白糖、葱段、姜块　各30克

绍酒　50克

做法

① 鲜鸭宰杀，去毛洗净。将鸭舌抠出，剁去脚蹼。在鸭膛上切口，取出食管、气管和嗉囊。在鸭尖上横拉一刀，掏出内脏。姜、葱拍松。用盐在鸭身和鸭膛内搓匀，加葱、姜、绍酒腌渍1天。

② 将鸭身上的葱、姜拣去（留用），鸭放入沸水锅内汆水至鸭皮收紧，将鸭捞出，洗净。

③ 锅中加清水，放入葱、姜、绍酒、白糖、桂花酱，烧开后放入鸭子。

④ 小火煮1.5小时，将鸭捞出控干。

⑤ 将鸭脯拆下，坡刀片成一字条。

⑥ 鸭身剁成一字条，装盘，上面铺上鸭脯条即可。

腰果鸭丁

做法

① 鸭脯肉切丁，加盐、料酒、淀粉入味上浆。
② 腰果焯水，捞出备用。
③ 将鸭丁入热油中滑熟，倒出控油。
④ 用五成热油将腰果炸至呈金黄色，捞出沥油。
⑤ 起油锅烧热，爆香葱姜末。
⑥ 放原料炒匀，加盐、味精、料酒调味即可。

主料

鸭脯肉	300克
腰果、彩椒丁	各50克

调料

盐、味精、料酒、淀粉、花生油、葱姜末各适量

双椒炒鸭条

主料

卤鸭　　半只（约450克）

小青椒、小红椒　　各50克

调料

老姜、大蒜	各10克
大葱	15克
盐	3克
味精	2克
香油	5克
精炼油	75克

做法

① 将卤鸭切成长约6厘米、宽约2厘米的条。

② 小青椒、小红椒去蒂洗净，对剖成两半，去籽，切成段；老姜、大蒜去皮洗净，切成姜片、蒜片；大葱洗净，取其葱白，切成6厘米长的段。

③ 锅置旺火上，烧精炼油至六成热，投入鸭条炸至皮酥捞出。

④ 锅内留少许油，下青椒、红椒，加盐炒至九成熟，倒入鸭条，投入姜片、蒜片、葱段，炒香入味，烹入味精、香油炒匀，起锅盛入盘中，上桌即可。

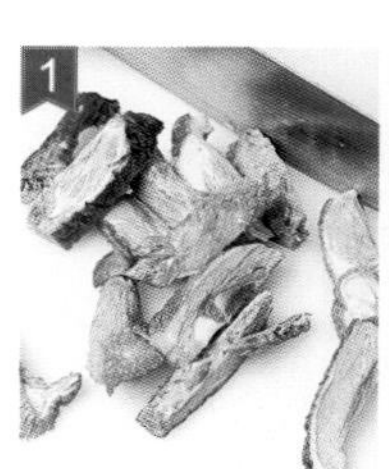

椒盐鸭条

做法

① 鸭肉洗净切条，加盐、味精腌制入味，挂匀蛋液和淀粉调成的糊，备用。干辣椒切丝，香菜切段。

② 将鸭条用热油炸至金黄色，捞出控油。

③ 起油锅烧热，爆香葱姜丝、辣椒丝，烹入料酒，加盐、味精、白糖、醋、胡椒粉调味，倒入鸭条、香菜段炒匀，装盘即可。

主料

鸭肉、干辣椒、香菜各适量

调料

盐、味精、白糖、醋、料酒、胡椒粉、鸡蛋液、淀粉、花生油、葱姜丝各适量

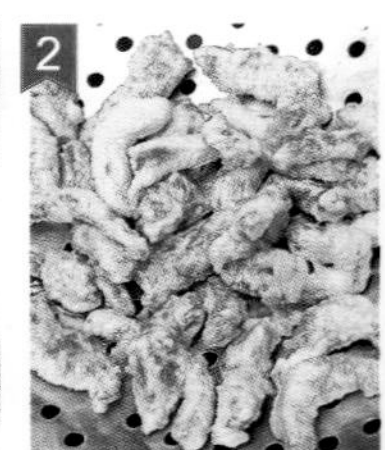

奇味焖鸭

主料

老鸭	500克
尖椒	15克
红椒	1个

调料

姜	6克
葱	15克
盐	5克
味精	3克

花雕酒、酱油、胡椒粉各适量

做法

① 鸭洗净，剁成块。

② 尖椒洗净，切段。红椒洗净，切片。葱切段、姜切片。

③ 锅中放油烧热，爆香葱、姜，下入鸭块，大火炒至鸭肉变色出油，下入尖椒、红椒、花雕酒翻炒片刻，加水，转中火焖煮10分钟。

④ 将炒好的原料转入煲内，用小火煲至汤汁稍干。

⑤ 加入其他调味料调味即可。

啤酒酱鸭

主料

光鸭	1/4只（约450克）

调料

老抽	3小匙
生抽	4大匙
啤酒	500毫升
白糖	5/2大匙
八角	2颗
香葱	2根
生姜	3片
老抽	少许

做法

① 将鸭子表面用少许老抽涂抹均匀，帮助上色，用钢盘盛装。

② 钢盘放入烤箱中层，以200℃烤10~12分钟，至鸭表皮出油。

③ 取一深锅，放入鸭、生姜、八角、香葱。

④ 加入啤酒、老抽、生抽、白糖，加水至鸭的2/3处。

⑤ 加盖，大火煮开后转小火，煮约50分钟，每15分钟将鸭翻一次身。

⑥ 煮至汤汁快收干并起泡时将鸭取出，斩件，将酱汁淋在鸭身上即可。

贴心提示

· 步骤2中，将鸭放入烤箱中烤是给鸭皮去油的好方法。如果您没有烤箱，可以用锅慢慢把油脂煎出来。

· 酱鸭时加入的啤酒不需要没过鸭，只到2/3处即可，但要定时翻身让鸭身可以接触到酱料。

麻辣仔鸭

主料

仔鸭1只（约重1250克），葱段20克，姜片30克

调料

料酒4小匙，老抽、红油各1大匙，干辣椒适量，白糖、香油各2小匙，盐1小匙，花椒20粒，味精、鲜汤各少许

做法

① 仔鸭处剁成小块，用料酒、盐腌渍片刻；干辣椒切成小段。备好其他食材。

② 仔鸭块炸至浅黄色时，捞出沥油。

③ 锅留底油，加入干辣椒段、花椒、葱段、姜片爆香，加入仔鸭块。

④ 锅中加入鲜汤，以盐、老抽、料酒、白糖调味，中火烧至仔鸭块熟烂时，下红油、香油、味精拌匀，出锅即可。

子姜炖鸭

主料

鸭子1只，子姜片200克，青椒片、红椒片各80克，姜片、葱末、蒜片各10克

调料

盐、生抽各2小匙，料酒、老抽各4小匙，冰糖2小匙，花椒3粒，大料、桂皮各5克，干辣椒碎适量

做法

① 将鸭子洗净切块，汆烫后捞出沥干。备好其他食材。

② 油锅烧热，放入姜片、蒜片和葱末，加花椒和干辣椒碎煸香，放入鸭肉块炒至鸭肉出油后，加料酒，放入青椒片、红椒片和子姜片炒拌均匀，加剩余调料和适量水，大火烧沸后用中火焖煮，待鸭肉熟烂后即可。

陈皮炖水鸭

主料

水鸭1只，香菜100克，陈皮4片，姜少许

调料

料酒半杯，盐适量

做法

① 水鸭处理干净；香菜洗净切段；陈皮切碎；姜洗净，切末。

② 将水鸭对半切开，放入沸水中氽烫约5分钟，捞出，沥干备用。

③ 所有材料入锅，倒入沸水，再加入所有调料，在锅中炖2 个小时即可。

海带炖鸭

主料

土鸭1只，水发海带500克，姜片15克，葱段20克

调料

盐2小匙，料酒20毫升，花椒3克，胡椒粉、鸡精各1/2小匙

做法

① 将土鸭处理干净，剁成小块，水发海带洗净，切成菱形片，入沸水锅中焯烫，备用。备好其他食材。

② 将土鸭块放入沸水锅中稍微氽烫一下。

③ 汤锅置火上，加入适量清水，放入鸭块、姜片、葱段、花椒、料酒，以大火烧沸。

④ 撇去浮沫，再放入海带片，改用小火炖约1小时，最后放入盐、胡椒粉、鸡精调味即可。

马蹄玉米煲老鸭

做法

① 将水鸭洗净，去内脏，切大块。猪展切3厘米见方的块。

② 水鸭、猪展分别下沸水中汆透，取出洗净。

③ 将玉米放入锅中焯水捞出。煲中加适量清水，放入所有原料，煮开后改慢火煲2小时，下调料调味即可。

主料

水鸭	1只
猪展、马蹄	各150克
玉米	200克

调料

盐、鸡粉、姜片、葱段各适量

荸荠雪梨鸭汤

主料

荸荠	100克
鸭块	250克
雪梨	2个

调料

盐	少许

做法

①雪梨去皮、核，切片。

②荸荠削去皮，切片。

③将雪梨、荸荠与鸭块入锅中。

④加适量水同煮至熟，加少许盐调匀即可。

冬瓜芡实煲老鸭

主料

冬瓜、老鸭各200克，瘦猪肉100克，姜5片，芡实适量

调料

盐1小匙，干荷叶1/4张，陈皮少许

做法

① 冬瓜切块；瘦猪肉切块；老鸭处理干净后，切大块。其余食材备齐。

② 锅中盛水，将水煮沸后加入瘦猪肉块和老鸭块汆烫3 分钟，捞出。

③ 将所有材料及调料（除冬瓜外）放入锅中，加入足量的水，大火烧开后转中小火继续煲60分钟。

④ 放入冬瓜块，继续煲30 分钟即可。

卤鸭翅

主料

鸭翅400克

调料

冰镇卤汁（市售）适量，香油1小匙

做法

① 鸭翅处理干净，备用。

② 将鸭翅放入沸水锅中略汆烫一下，捞出，过凉，沥干水。

③ 净锅置火上，放入冰镇卤汁和鸭翅，大火煮沸，转小火煮至熟透。

④ 关火，焖泡半个小时，捞出，沥干水，装盘，淋上香油即可。

毛血旺

主料

鸭血	300克
鳝鱼	200克
火腿肠	100克
黄豆芽	100克
熟肥肠	100克
毛肚	100克

调料

葱花、蒜姜片、干红辣椒、郫县豆瓣酱、盐、花椒、鸡精、白糖、醋、料酒、色拉油、骨头汤各适量

做法

① 将鸭血、鳝鱼、黄豆芽、熟肥肠和毛肚洗净；鸭血、熟肥肠切片；鳝鱼切成3厘米长的段；毛肚切丝；火腿肠切片。

② 锅中加油烧热，放入干红辣椒、郫县豆瓣酱、姜片、蒜片，煸炒至出香味且油呈红色时捞出渣质，倒入骨头汤烧开，制成红汤，备用。

③ 将处理好的鸭血、鳝鱼、黄豆芽、毛肚用开水氽烫一遍，除去血沫和杂质。

④ 将火腿肠、熟肥肠放入制好的红汤内，加盐、鸡精、白糖、料酒、醋，大火烧开，待原料熟透后装入碗中，撒上葱花。

⑤ 重新起锅烧热油，放入花椒、辣椒，炝出香味后迅速浇在碗中即可。

花生拌鸭胗

主料

鸭胗	300克
花生仁	100克

调料

盐、味精、料酒、花椒、八角、姜块、葱段、香油、花椒油、鲜汤各适量

做法

① 鸭胗去筋、皮后洗净，切花刀，刀口深度为鸭胗厚度的2/3，刀距0.5厘米。

② 两刀一断，将鸭胗切成鱼鳃形。

③ 放入沸水中氽至断生，捞出。

④ 将鸭胗放入碗中，加鲜汤、盐、料酒、花椒、姜块、葱段，上笼蒸至入味，取出晾凉。

⑤ 花生仁用沸水浸泡，捞出剥去外皮，加盐、花椒、八角浸泡入味，捞出晾凉。

⑥ 将鸭胗、花生仁放入碗中，加少许盐、花椒油、香油、味精拌匀，装盘即成。

主料

鸭胗300克，红椒、黄瓜、花生米各50克

调料

香菜40克，香油20克，酱油、醋各10克，盐3克

做法

① 鸭胗先进行预处理，洗净后切成片。红椒洗净，切片待用。

② 香菜洗净，切碎末。黄瓜洗净，切片。花生米入热油锅中炸熟，捞出控油。

③ 将鸭胗、红椒入沸水中氽透，捞出沥干水分。

④ 将鸭胗、香菜、黄瓜、红椒、花生米同放容器中，加入调料拌匀即可。

主料

鸭掌400克，红尖椒适量

调料

豆豉酱2大匙，盐少许，醋、老抽各2小匙

做法

① 鸭掌洗净；红尖椒洗净，切圈。

② 将鸭掌剪去趾甲，去老皮，用刀剁成两半，放入沸水中氽烫至熟。

③ 油锅烧热，放入鸭掌、红尖椒圈、豆豉酱、盐、醋、老抽炒匀，待入味后即可出锅装盘。

双椒豉香鸭掌

主料

净鸭掌	500克
青椒块	60克
红椒块	50克
洋葱块	适量

调料

胡椒粉1小匙，蚝油1小匙，豆豉、料酒各1大匙，水淀粉、盐各适量，白砂糖少许

做法

① 锅置火上，放入适量水煮沸，放入鸭掌煮熟，捞出，过凉，去老皮。

② 油锅烧热，放入洋葱块、豆豉炒香。

③ 放入鸭掌、青椒块、红椒块、料酒略翻炒。

④ 调入剩余调料，翻炒至入味，用水淀粉勾芡即可。

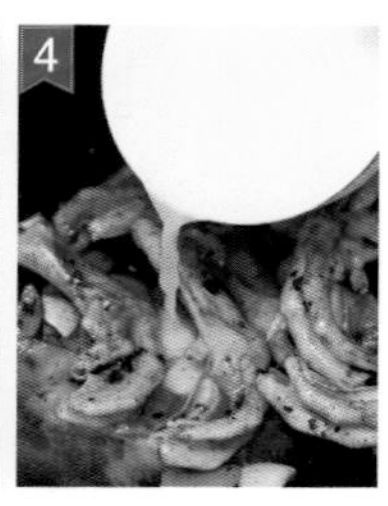

干煸鸭舌

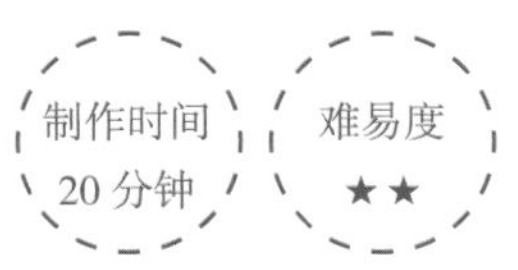

主料

鸭舌　　400克
熟白芝麻　　少许
葱末、姜末　　各适量

调料

盐、味精　　各1小匙
料酒、香油　　各1大匙
大料、淀粉　　各适量
花椒　　少许

做法

① 鸭舌洗净，去软骨，备用。

② 鸭舌放入碗中，加料酒、淀粉、盐抓匀腌渍20分钟，下入热油锅中炸至金黄色，捞出，沥油，备用。

③ 锅底留油，烧热后爆香花椒、大料、香油、姜末，

④ 放入鸭舌煸炒出香，再加味精炒匀，最后撒上熟白芝麻、葱末即可。

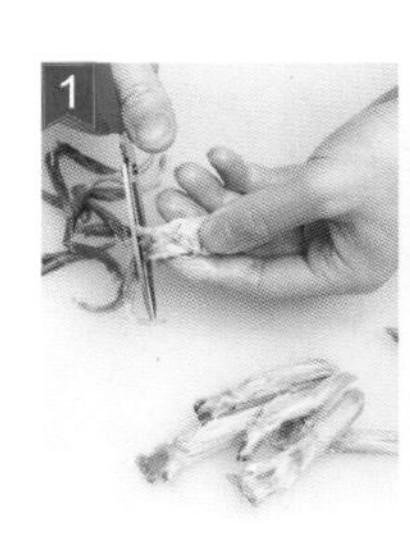

香辣鹅肠

做法

① 葱洗净切段；姜洗净切片；香菜洗净切段。

② 鹅肠加盐揉搓洗净。

③ 鹅肠放入沸水中汆烫熟，捞出沥干。

④ 所有材料放入碗内，加盐、老抽和香辣酱，拌匀，腌渍半小时，待鹅肠入味后即可食用。

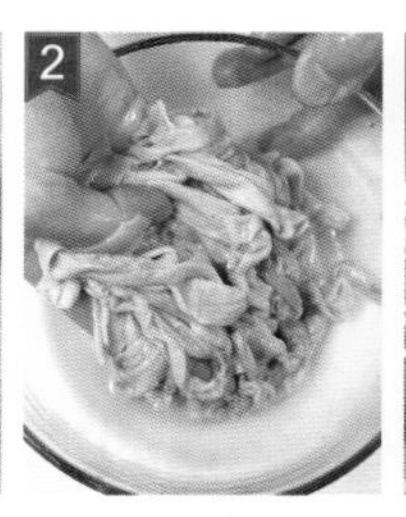

主料

主料	用量
鹅肠	150克
香菜	30克
葱	1小段
姜	1小块

调料

香辣酱	2大匙
老抽	2小匙
盐	1小匙

高丽参鸽汤

主料

乳鸽1只，干贝15克，糯米50克，高丽参10克

调料

姜片、大枣各少许，盐、鸡粉各适量

做法

① 乳鸽去内脏，洗净。糯米洗净，用清水浸泡。

② 乳鸽放入沸水锅中汆透后取出，在腹中加入干贝、高丽参、泡好的糯米。

③ 砂锅中加入清水，放入乳鸽，加姜片、大枣，上笼以小火蒸2小时，调入盐、鸡粉即可。

参麻炖乳鸽

主料

鲜人参2只，天麻20克，大枣5克，乳鸽1只

调料

姜片、盐、鸡粉、料酒各适量

做法

① 乳鸽洗净，去内脏，从中间一剖为二。

② 洗净的乳鸽下开水中汆透备用。

③ 煲中加清水煮开，下原料，加入姜片、料酒，小火煲2小时至乳鸽熟透，加盐、鸡粉调味即可。

香炸鹌鹑

主料

鹌鹑 1只

虾片 50克

调料

酒1汤匙，姜1块，葱结1个，辣酱油2汤匙，花椒、丁香、小茴香、五香粉各适量

做法

① 将花椒、丁香、小茴香、盐、酒、姜块(拍松)、葱结放在锅中加水6杯煮滚冷却后，倒入碟内(即香卤)。将鹌鹑剖净后，浸入放香卤的盛器内浸泡3至4小时后，捞出放在深碟中备用。

② 在放鹌鹑的碟内，倒上一薄层卤汁．然后隔水蒸1小时30分钟后取出。烧热锅，下油，至七成熟时，将蒸酥的鹌鹑分别用漏勺入锅炸透，至金黄色捞起，洒上五香粉装碟中。

③ 将干虾片放入油锅中炸发后捞起围在酥鹌鹑的周围，用小碟盛的辣酱油作佐料即可。

春满桃花

做法

① 鹌鹑宰杀，去胸骨，劈两半，蘸蛋液，拍淀粉，入油锅中炸熟，捞出拍松，剁成米粒状，上浆。核桃入油炸熟，用刀斩碎。

② 锅入油，放鹌鹑炒透，加葱花、姜米、笋粒、菇粒炒匀，加调料调成金黄色，炒匀装盘，撒核桃末、火腿末、香菜叶，把炸熟的鹌鹑头放在盘边即可。

主料

鹌鹑 2只

鲜笋粒、冬菇粒、核桃、火腿蓉、鸡蛋 各100克

香菜叶 适量

调料

葱花、姜米、淀粉、酱油、味精、胡椒粉、白糖、水淀粉、植物油

鹑螺碎玉

制作时间 30分钟　难易度 ★★★

主料

鹌鹑　1只

海螺片　150克

薄脆　50克

调料

蛋清、淀粉、葱段、姜末、芡汤、水淀粉、胡椒粉、葱油、植物油

做法

① 鹌鹑去骨起肉，片成片，加蛋清、淀粉上浆。

② 薄脆入油锅炸脆，摆放在盘中。

③ 炒锅置火上，加油烧热，将鹌鹑肉片、海螺片入锅滑油至熟。

④ 锅留底油，加葱段、姜末、螺片、鹌鹑片翻炒，烹料酒，加芡汤、水淀粉、胡椒粉炒匀，淋葱油，出锅放在薄脆上即可。